Mechanik, Werkstoffe und Konstruktion im Bauwesen

Band 71

Reihe herausgegeben von

Ulrich Knaack, Darmstadt, Deutschland

Jens Schneider, Darmstadt, Deutschland

Johann-Dietrich Wörner, Darmstadt, Deutschland

Stefan Kolling, Gießen, Deutschland

Institutsreihe zu Fortschritten bei Mechanik, Werkstoffen, Konstruktionen, Gebäudehüllen und Tragwerken. Das Institut für Statik und Konstruktion der TU Darmstadt sowie das Institut für Mechanik und Materialforschung der TH Mittelhessen in Gießen bündeln die Forschungs- und Lehraktivitäten in den Bereichen Mechanik, Werkstoffe im Bauwesen, Statik und Dynamik, Glasbau und Fassadentechnik, um einheitliche Grundlagen für werkstoffgerechtes Entwerfen und Konstruieren zu erreichen. Die Institute sind national und international sehr gut vernetzt und kooperieren bei grundlegenden theoretischen Arbeiten und angewandten Forschungsprojekten mit Partnern aus Wissenschaft, Industrie und Verwaltung. Die Forschungsaktivitäten finden sich im gesamten Ingenieurbereich wieder. Sie umfassen die Modellierung von Tragstrukturen zur Erfassung des statischen und dynamischen Verhaltens, die mechanische Modellierung und Computersimulation des Deformations-, Schädigungs- und Versagensverhaltens von Werkstoffen, Bauteilen und Tragstrukturen, die Entwicklung neuer Materialien, Produktionsverfahren und Gebäudetechnologien sowie deren Anwendung im Bauwesen unter Berücksichtigung sicherheitstheoretischer Überlegungen und der Energieeffizienz, konstruktive Aspekte des Umweltschutzes sowie numerische Simulationen von komplexen Stoßvorgängen und Kontaktproblemen in Statik und Dynamik.

Markus Fornoff

Beitrag zur optimierten Vorhersage von Schwindungs- und Verzugserscheinungen spritzgegossener Kunststoffbauteile

 Springer Vieweg

Markus Fornoff
Roßdorf, Deutschland

Vom Promotionszentrum für Ingenieurwissenschaften des Forschungscampus Mittelhessen zur Erlangung des akademischen Grades eines Doktor-Ingenieurs (Dr.-Ing.) genehmigte Dissertation von Master of Engineering (M.Eng.) Markus Fornoff aus Dieburg.
1. Gutachten: Prof. Dr. Peter J. Klar
2. Gutachten: Prof. Dr.-Ing. habil. Stefan Kolling
Tag der Einreichung: 16.03.2023
Tag der mündlichen Prüfung: 16.08.2023
Gießen 2023

ISSN 2512-3238 ISSN 2512-3246 (electronic)
Mechanik, Werkstoffe und Konstruktion im Bauwesen
ISBN 978-3-658-43458-8 ISBN 978-3-658-43459-5 (eBook)
https://doi.org/10.1007/978-3-658-43459-5

Die Deutsche Nationalbibliothek verzeichnet diese Publikation in der Deutschen Nationalbibliografie; detaillierte bibliografische Daten sind im Internet über http://dnb.d-nb.de abrufbar.

Planung/Lektorat: Ralf Harms
Springer Vieweg ist ein Imprint der eingetragenen Gesellschaft Springer Fachmedien Wiesbaden GmbH und ist ein Teil von Springer Nature.
Die Anschrift der Gesellschaft ist: Abraham-Lincoln-Str. 46, 65189 Wiesbaden, Germany

Danksagung

Während ich diese Zeilen verfasse, blicke ich auf einen spannenden, lehrreichen aber mitunter auch holprigen Weg zurück, welchen ich mit der großartigen Unterstützung Vieler beschritten habe. Hierfür möchte ich im Folgenden meinen Dank aussprechen:

Die vorliegende Arbeit entstand während meiner Zeit am Fraunhofer-Institut für Systemzuverlässigkeit und Betriebsfestigkeit LBF in Darmstadt, in Kooperation mit dem Promotionszentrum für Ingenieurswissenschaften des Forschungscampus Mittelhessen.

Herrn Prof. Dr.-Ing. habil. Stefan Kolling und Herrn Prof. Dr. rer. nat. habil. Peter J. Klar gilt mein Dank für die Übernahme der Betreuung, die inhaltlichen Diskussionen und Anregungen die sie mir entgegen gebracht haben.

Neben Herrn Prof. Dr.-Ing. habil. Stefan Kolling möchte ich Herrn Prof. Dr.-Ing. Ulrich Knaack, Herrn Prof. Dr.-Ing. Jens Schneider, sowie allen teilnehmenden Doktoranden des jährlichen ISMD-IMM-Doktorandenseminars, welche durch fachliche Diskussionen diese Arbeit unterstützt haben, meinen Dank aussprechen.

Meinem Gruppenleiter Dr.-Ing. Felix Dillenberger gilt mein Dank für die vielen Ratschläge, Diskussionen und die fachliche Betreuung am Institut. Dr.-Ing. Felix Weidmann und Tamara van Roo möchte ich für die gegenseitige Motivation und die hilfreichen Diskussionen in unseren internen Kolloquien danken. Den Kollegen Joachim Amberg, Wilfried Kolodziej, Harald Dörr, Bernd Dillmann, Axel Nierbauer, allen Studenten, sowie Dr.-Ing. Alexander Knieper und Alexander Klumpp gilt mein Dank für die praktische Unterstützung und den fachlichen Austausch.

Neben den fachlichen Aspekten möchte ich mich bei der gesamten Kollegenschaft auch aus dem zwischenmenschlichen Gesichtspunkt herzlich bedanken. Ines Roth und Alexandra Kreickenbaum gilt mein Dank für die Gespräche beim frühmorgendlichen Kaffee.

Für die Übernahme des Lektorates und die hilfreichen Hinweise möchte ich, neben bereits genannten Personen, Dr.-Ing. René Helker und Maximilian Budnik, sowie meiner Schwiegermutter Bettina und meiner Frau Sandra danken.

Meiner Familie und Freunden danke ich für die uneingeschränkte Unterstützung, auf die ich mich stets verlassen durfte. Meinen Eltern Wolfgang und Helga gilt mein besonderer Dank. Bereits vor meiner Promotion haben sie stets hinter mir gestanden, viel Geduld bewiesen und mich auf meinem Weg unterstützt. Abschließend möchte ich mich noch ganz besonders bei meiner Frau Sandra und meinem Sohn Linus für den Rückhalt, sowie das Verständnis bedanken und mich zugleich für die viele Zeit, die ich mit dem Verfassen dieser Arbeit in meinem Büro verbracht habe, entschuldigen - das wird nun besser!

Vielen Dank!

Roßdorf, September 2023   *Markus Fornoff*

Abstract

Shrinkage and warpage represent a major challenge in the design of thermoplastic injection molded components in technical applications. In addition to dimensional deviations, residual stresses arise during the cooling process. In order to predict such effects in the design phase, process simulations are performed. These require that material data and boundary conditions are adequately defined.

In this work, the influence of the material properties and simulation parameters on the shrinkage and warpage simulation is investigated. For this purpose, experimental injection molding experiments are carried out on a box specimen and shrinkage and warpage are subsequently evaluated. In focus of the investigations is a semi-crystalline polybutyleneterephthalate (PBT). Supplementary investigations are carried out on a short glass fiber reinforced polybutyleneterephthalate (PBT-GF30) and an amorphous polystyrene (PS).

A data acquisition system with a combined pressure and temperature sensor (pT-sensor) is applied to allow insights into local processes during the injection molding. Material data are determined experimentally and transferred to the injection molding simulation software CADMOULD®. The determined shrinkage and warpage, as well as the captured data by the sensor, are used for comparisons with injection molding simulations.

In addition to qualitative comparisons of shrinkage and warpage and the local pressure curve, maineffect-diagrams are used to identify the variables with the most relevant influence. The results show that all material properties have an influence on shrinkage and warpage, with the transition temperature having the greatest effect for unreinforced thermoplastics. In the case of short glass fiber-reinforced materials, there is also a clear influence from direction-dependent material properties, such as the coefficient of linear expansion, as well as from model parameters for the fiber orientation computation. In addition to the influences of the material parameters, a clear influence of the heat transfer coefficient between the molded part and the cavity in the packing phase can be shown.

The findings offer a guideline for practice regarding the targeted optimization of material data towards more adequate prediction of shrinkage and warpage.

Zusammenfassung

Schwindung und Verzug zählen zu den großen Herausforderungen bei der Auslegung thermoplastischer Spritzgießbauteile in technischen Anwendungen. Neben Maßabweichungen bilden sich im Zuge des Abkühlprozesses Eigenspannungen im Formteil aus. Um diese Effekte in der Designphase zu berücksichtigen, werden Prozesssimulationen durchgeführt. Diese setzen voraus, dass Materialdaten und Randbedingungen adäquat definiert werden.

In dieser Arbeit wird der Einfluss der Materialdaten und Simulationsparameter auf die Schwindungs- und Verzugssimulation untersucht. Hierzu werden experimentelle Spritzgießversuche an einem Kastenformteil durchgeführt und anschließend Schwindung und Verzug ausgewertet. Im Fokus steht ein teilkristallines Polybutylenterephthalat (PBT). Ergänzende Untersuchungen werden an einem kurzglasfaserverstärkten Polybutylenterephthalat (PBT-GF30) sowie einem amorphen Polystyrol (PS) durchgeführt. Ein Messwerterfassungssystem mit einem kombinierten Druck- und Temperatursensor (pT-Sensor) wird verwendet, um Einblicke in lokale Vorgänge während dem Spritzgießen zu erhalten.

Materialdaten werden experimentell ermittelt und in die Spritzgießsimulationssoftware CADMOULD® überführt. Die ermittelten Schwindungs- und Verzugswerte, sowie die aufgenommenen Messdaten werden mit den Spritzgießsimulationen kritisch verglichen.

Neben qualitativen Gegenüberstellungen von Schwindung und Verzug und des lokalen Druckverlaufs werden Haupteffektediagramme genutzt, um die Haupteinflussgrößen zu identifizieren. Die Ergebnisse zeigen, dass von allen Materialeigenschaften ein Einfluss auf Schwindung und Verzug ausgeht, wobei die Fließgrenztemperatur bei unverstärkten Thermoplasten den größten Effekt zeigt. Bei kurzglasfaserverstärkten Materialien geht zudem ein deutlicher Einfluss von richtungsabhängigen Materialdaten, wie dem Wärmeausdehnungskoeffizienten, aber auch den Modellparametern der Faserorientierungsberechnung aus. Neben den Einflüssen der Materialparameter zeigt sich ein deutlicher Einfluss des Wärmeübergangskoeffizienten zwischen Formteil und Kavität in der Nachdruckphase.

Aus den Ergebnissen ergibt sich ein Leitfaden für die praktische Anwendung, zur gezielten Optimierung von Materialdaten, für eine möglichst adäquate Vorhersage von Schwindung und Verzug.

Inhaltsverzeichnis

Abbildungsverzeichnis

Tabellenverzeichnis

Nomenklaturverzeichnis

Abkürzungen

2,5D	zweieinhalbdimensional
3D	dreidimensional
3D-F	3D-Fachwerk
ARD	Anisotropic Rotary Diffusion
AS	Auswerferseite
CM	Spritzgießsimulation mit Standardparametern und Kühlsimulation
CM noCool	Spritzgießsimulation mit Standardparametern, ohne Kühlsimulation
CQC	Continuous Qualitiy Control
CT	Computertomographie
DIC	Digital Image Correlation
DMA	Dynamisch-mechanische Analyse
DS	Düsenseite
DSC	Differential Scanning Calorimetry
FO	Faserorientierung
Gew.-%	Gewichtsprozent
HTC	Heat Transfer Coefficient
LBF	Fraunhofer Insititut für Betriebsfestigkeit und Systemzuverlässigkeit LBF
PBT	Polybutylenterephthalat
PBT-GF30	Polybutylenterephthalat mit 30 Gew.-% Kurzglasfasern
PS	Polystyrol
pT	Druck- und Temperatursensor

pvT   pressure-volume-Temperature

RSC   Reduced Strain Closure

SGS   Spritzgießsimulation

WLF   Wärmeleitfähigkeit

Symbole

A_{ij} Komponente des Orientierungstensors (2. Stufe)
C_p Spezifische Wärmekapazität
E Elastizitätsmodul
$E_\perp$ Elastizitätsmodul quer zur Faserrichtung
$E_\parallel$ Elastizitätsmodul längs zur Faserrichtung
H Wanddicke
K Kompressibilität
L_0 Bezugslänge
L_F Formteilmaß
L_W Werkzeugmaß
O Orientierung von Molekülen und Fasern
$P1$ Nullviskosität
$P2$ Reziproke Übergangsschergeschwindigkeit
$P3$ Steigung der Fließkurve im strukturviskosen Bereich
S Schwindung
T Temperatur
T_0 Bezugstemperatur
T_U Umgebungstemperatur
T_W Werkzeugwandtemperatur
T_e Entformungstemperatur
T_g Glasübergangstemperatur
T_s Materialabhängige Standardtemperatur
T_t Fließgrenztemperatur
X Standardabweichung
ΔH Wanddickenunterschiede
ΔL Längenänderung
ΔS Schwindungsdifferenzen
ΔT Temperaturänderung
ΔT_M Unterschiede der Ankunftstemperaturen der Schmelze
ΔT_W Unterschiede der Werkzeugwandtemperaturen

ΔV	Volumetrische Schwindung
Δt_p	Unterschiede der Druckwirkzeiten entlang des Fließwegs
Θ	Räumlicher Winkel
α	Wärmeausdehnungskoeffizient
α_V	Volumenausdehnungskoeffizient
$\alpha_\perp$	Wärmeausdehnungskoeffizient quer zur Faserrichtung
$\alpha_\parallel$	Wärmeausdehnungskoeffizient längs zur Faserrichtung
$\boldsymbol{A}$	Orientierungstensor (2. Stufe)
$\mathbb{A}$	Orientierungstensor (4. Stufe)
$\boldsymbol{p}$	Orientierungsvektor
δT	Temperaturdifferenz
δv	Differenz des spezifischen Volumens
$\dot{Q}_F$	Zugeführter Wärmestrom der Polymerschmelze
$\dot{Q}_H$	Zugeführter Wärmestrom aus Heißkanalsystem
$\dot{Q}_K$	Abgeführter Wärmestrom an die Umgebung durch Konvektion
$\dot{Q}_L$	Abgeführter Wärmestrom durch Wärmeleitung in Aufspannplatten
$\dot{Q}_S$	Abgeführter Wärmestrom an die Umgebung durch Strahlung
$\dot{Q}_{TM}$	Abgeführter Wärmestrom durch Kühlmedium
$\dot{\gamma}$	Schergeschwindigkeit
ϵ	Dehnung
η	Viskosität
λ	Eigenwert
$\nu_\perp$	Querkontraktionszahl quer zur Faserrichtung
$\nu_\parallel$	Querkontraktionszahl längs zur Faserrichtung
$\overline{y}$	Repräsentativer Mittelwert
ϕ	Ebener Winkel
$\psi(\boldsymbol{p})$	Wahrscheinlichkeitsverteilungfunktion der Orientierung
σ	Spannung
v	Spezifischen Volumen
a_T	Temperaturverschiebungsfaktor
e	Eigenvektor
f	Freiheitsgrad
k	Wärmeleitfähigkeit
l_k	Faserlänge
n_k	Faserrichtung
p	Druck
r_k	Faserradius
t_K	Restkühlzeit

1 Einführung

1.1 Einleitung und Motivation

Aufgrund sehr flexibler Einsatzszenarien in Verbindung mit hoch automatisierbaren Prozessen wie dem Spritzgussprozess, finden thermoplastische Kunststoffe zunehmend Anwendung. Hierbei sei der Automobilsektor als eines der Hauptanwendungsfelder hervorzuheben [1–4]. Der Einsatz entsprechender Materialien erstreckt sich hierbei über den Interieur-, als auch den Exterieurbereich. Auch im Motorraum finden Thermoplaste in technischen Bauteilen Anwendung. Aufgrund der steigenden Nachfrage nach CO_2-reduzierten und umweltfreundlicheren Antriebstechnologien erschließen sich neue Anwendungsfelder. Hierzu zählen Wasserstoff-Brennstoffzellen, aber auch Batteriesysteme bei denen Kunststoffe für Gehäuse oder Peripheriekomponenten, wie Luft- oder Medienleitungen eingesetzt werden. Auch in den Hauptkomponenten, wie Bipolarplatten von Brennstoffzellensystemen, kommen thermoplastische Kunststoffe zum Einsatz. Die Verarbeitung und die Anwendung spritzgegossener Kunststoffbauteile hängt jedoch von einer Vielzahl komplexer Randbedingungen ab [5]. Das Material-, und folglich auch das Bauteilverhalten, ergeben sich aus dem verwendeten Werkstoff, dem Herstellungsprozess, der Bauteilgeometrie und den Umgebungseinflüssen. Die mechanischen Eigenschaften stellen hierbei eine der Haupteinflussgrößen in Bezug auf die spätere Bauteilperformance dar. Darüber hinaus tritt bei spritzgegossenen Bauteilen Schwindung und Verzug auf, was bei der Bauteilauslegung berücksichtigt werden muss. Diese Effekte sind auf das temperaturabhängige Materialverhalten, sowie die thermischen Vorgänge im Spritzgießprozess zurück zu führen [6–8]. Der Einfluss unterschiedlicher Prozessparameter ist in der Literatur ausführlich beschrieben [9–12]. Bei Kunststoffbauteilen in technischen Anwendungen kommen häufig kurzglasfaserverstärkte Materialien zum Einsatz. Kurzglasfasern können die mechanischen Eigenschaften von Kunststoffbauteilen erheblich verbessern, führen jedoch auch zu einem anisotropen Material- und Bauteilverhalten [2, 13–17]. Thermische Vorgänge im Spritzgießprozess führen zu Eigenspannungen im Kunststoff [18]. Diese können, überlagert mit äußeren Beanspruchungen, zum Bauteil- oder gar Systemversagen führen. Bauteilfunktionen, wie Abdichtungseigenschaften, können ebenso negativ hierdurch beeinflusst werden. Dies hat eine besondere Relevanz, beispielsweise bei den zuvor genannten Brennstoffzellensystemen.

© Der/die Autor(en), exklusiv lizenziert an
Springer Fachmedien Wiesbaden GmbH, ein Teil von Springer Nature 2024
M. Fornoff, *Beitrag zur optimierten Vorhersage von Schwindungs- und Verzugserscheinungen spritzgegossener Kunststoffbauteile*, Mechanik, Werkstoffe und Konstruktion im Bauwesen 71,
https://doi.org/10.1007/978-3-658-43459-5_1

Einerseits muss der eingesetzte Kunststoff unterschiedlichen Lasten standhalten, wie statischen oder dynamischen Drücken und wechselnden Temperaturen. Zudem muss auch die Systemdichtigkeit sichergestellt werden. Dieses Beispiel verdeutlicht, wie wichtig ein Bauteilauslegungsprozess ist, der diese Mechanismen berücksichtigt, um Bauteile material- und belastungsgerecht auszulegen und dabei lange Standzeiten zu ermöglichen.

Simulationsgestützte Auslegungskonzepte erlauben die Berücksichtigung zuvor genannter Mechanismen in der Bauteil- und Werkzeugauslegung [19, 20]. Zu den eingesetzten Simulationsumgebungen zählt die Spritzgießsimulation (SGS), welche die virtuelle Abbildung des Spritzgießprozesses und der hieraus resultierenden Bauteileigenschaften erlaubt. Hierzu zählen das grundlegende Füllverhalten, die Vorhersage von Bindenahtpositionen, der lokalen Faserorientierung bei verstärkten Materialien, aber auch die Berechnung von Schwindung und Verzug [19, 21–23].

Die Literatur zeigt jedoch, dass die Abbildungsgüte und unzureichende Ergebnisse häufig auf in der Spritzgießsimulation hinterlegten Stoffwerte zurückgeführt werden können [23–27]. Der Einfluss einzelner Faktoren auf die Ergebnisse von Spritzgießsimulationen ist hierbei sehr unterschiedlich. Eine Studie bei der alle für die Schwindungs- und Verzugssimulation relevanten Material- und Simulationsparameter und deren Einfluss untersucht wurden, ist nicht bekannt. Weiterhin ist der Detaillierungsgrad in Materialkarten von Spritzgießsimulation sehr unterschiedlich, wie zum Beispiel die Vernachlässigung von Temperaturabhängigkeiten. Hieraus ergibt sich die Fragestellung dieser Arbeit, welche Materialparameter entscheidend für eine möglichst adäquate Vorhersage von Schwindung und Verzug sind und welche eine untergeordnete Rolle einnehmen. Dies gilt ebenso für die Parameter und Randbedingungen der Spritzgießsimulation.

1.2 Zielsetzung und Gliederung der Arbeit

Das Ziel dieser Arbeit ist ein besseres Verständnis für den Einfluss von Simulations- und Materialparametern auf die simulative Vorhersage von Schwindung und Verzug. Dies soll zur künftigen Verbesserung der Prognosegüte von Spritzgießsimulationen in diesem Kontext beitragen und effizientere Bauteilauslegungen ermöglichen. Zunächst werden die hierfür notwendigen Grundlagen beschrieben (Kapitel 2). Hierzu zählen die Unterscheidungsmerkmale der Thermoplasten (Kapitel 2.1), der Spritzgießprozess und damit einhergehende Material- und Bauteileigenschaften (Kapitel 2.2), sowie die Spritzgießsimulation (Kapitel 2.3).

Es werden experimentelle Spritzgießversuche an einem Kastenformteil durchgeführt (Kapitel 3). Die Ergebnisse der Untersuchungen dienen als Basis für nachfolgende Spritzgießsimulationen. Der Einsatz eines CQC-Systems (Continuous Quality Control), mit einem kombinierten pT-Sensor, ermöglicht tiefere Einblicke in den Spritzgießprozess und Vergleiche mit den Simulationen (siehe Kapitel 4).

Gegenstand der Untersuchung sind je ein teilkristalliner-, kurzglasfaserverstärkter- sowie ein amorpher Thermoplast (siehe Kapitel 3.1). Hergestellte Bauteile werden zur Ermittlung von Schwindung und Verzug an definierten Position mithilfe einer geeigneten Bildanalysesoftware vermessen (siehe Kapitel 3.3). Die Versuchsparameter werden in Kapitel 3.2 beschrieben. An Proben des faserverstärkten Thermoplasten werden zudem Faserstrukturanalysen durchgeführt (Kapitel 3.5), welche für spätere simulative Untersuchungen herangezogen werden. Anschließende Simulationen werden mit der Software CADMOULD® aus dem Hause Simcon kunststofftechnische Software GmbH aufgebaut und durchgeführt (Kapitel 4).

Umfangreiche Untersuchungen der Material- und Simulationsparameter werden am teilkristallinen Material durchgeführt (Kapitel 5.1, 5.2) und mit statistischen Methoden ausgewertet und diskutiert (Kapitel 6.1, 6.2). Notwendige Materialparameter werden hierzu experimentell ermittelt und in Materialmodelle überführt (Kapitel 5.2). Weitere Untersuchungen am kurzglasfaserverstärkten Material werden durchgeführt (Kapitel 5.3), um den Einfluss entsprechender Materialeigenschaften, wie der Faserorientierung oder anisotroper Stoffwerte zu untersuchen (Kapitel 6.3). Die Erkenntnisse der Untersuchungen am teilkristallinen Thermoplasten werden herangezogen, um die Übertragbarkeit der Ergebnisse auf andere Materialien zu bewerten. Dies geschieht am Beispiel des amorphen Materials (Kapitel 5.4, 6.4). In Kapitel 7 werden die Untersuchungen und Ergebnisse zusammengefasst und ein Ausblick zum weiteren Forschungsbedarf gegeben.

1.3 Veröffentlichungen

Die folgende Liste enthält Veröffentlichungen und Vorträge, die mit dieser Arbeit
in Zusammenhang stehen und bereits vom Autor veröffentlicht wurden:

- M. Fornoff »Phänomenologische Berechnungsstrategie für kurzglasfaserverstärkte Spritzgussformteile«. Vortrag: IKV-Fachtagung Lebensdauerberech-
  nung von Kunststoffbauteilen, Aachen 2017

- M. Fornoff »Consideration of the Fiber Orientation of Functional Elements
  in Structural Simulations«. Vortrag: CONNECT! European Moldflow® User
  Meeting, Frankfurt 2018

- M. Fornoff »Phänomenologische Berechnungsstrategie für kurzglasfaserverstärkte Spritzgussformteile«. AiF Abschlussbericht 18362 N. Fraunhofer-Institut
  für Betriebsfestigkeit und Systemzuverlässigkeit LBF, 2018

- M. Fornoff »Kopplung von Prozess- und Struktursimulation zur Vorhersage
  des Schwindungs- und Verzugsverhaltens thermoplastischer Spritzgussbautei-
  le«. Vortrag: Arbeitskreis Werkstoffmodelle und Simulation, Darmstadt 2020

2 Grundlagen

2.1 Morphologische Eigenschaften von Thermoplasten

Die Gruppe thermoplastischer Kunststoffe besteht aus zwei Polymertypen, den amorphen und teilkristallinen Kunststoffen. Zweitgenannte werden in technischen Anwendungsfeldern häufig mit Füllstoffen wie Kurzglasfasern verstärkt. Nachfolgend werden die Eigenschaften bzw. Unterscheidungsmerkmale der amorphen und teilkristallinen Kunststoffe beschrieben. Aufgrund ihrer besonderen Eigenschaften und deren Verbreitung in der technischen Anwendung werden ergänzend die Eigenschaften der kurzglasfaserverstärkten, teilkristallinen Kunststoffe genannt. Neben thermoplastischen Kunststoffen existieren weitere Werkstoffgruppen: Diese sind die Elastomere und Duroplaste. Da sie in dieser Arbeit nicht behandelt werden, wird von einer Beschreibung abgesehen. In der Literatur können Details zu deren Aufbau, Anwendung und Verarbeitung gefunden werden [28–31].

Amorphe Kunststoffe weisen vergleichsweise lange Molekülketten mit ausgeprägten Seitengruppen auf, welche willkürlich ineinander verwoben sind. Der Aufbau ist unsymmetrisch und führt mit der genannten Struktur dazu, dass diese nicht kristallisieren [30]. Teilkristalline Kunststoffe hingegen, weisen einen symmetrischen und linearen Molekülaufbau auf, welcher geordnete bzw. kristalline Molekülbereiche erlaubt [30].

© Der/die Autor(en), exklusiv lizenziert an
Springer Fachmedien Wiesbaden GmbH, ein Teil von Springer Nature 2024
M. Fornoff, *Beitrag zur optimierten Vorhersage von Schwindungs- und Verzugserscheinungen spritzgegossener Kunststoffbauteile*, Mechanik, Werkstoffe und Konstruktion im Bauwesen 71,
https://doi.org/10.1007/978-3-658-43459-5_2

Abbildung 2.1 zeigt die Struktur beider Thermoplaste schematisch auf.

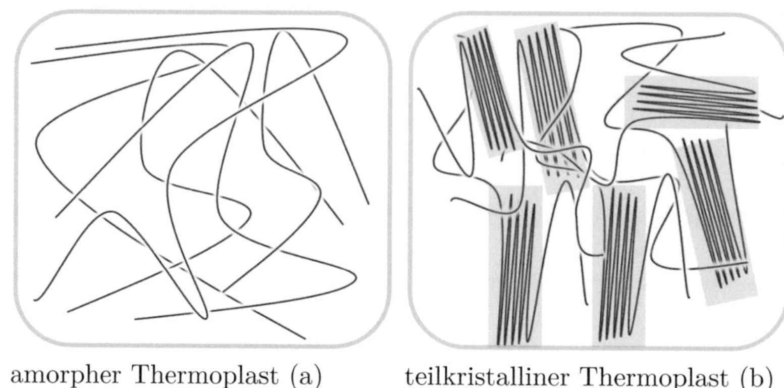

amorpher Thermoplast (a)   teilkristalliner Thermoplast (b)

Abbildung 2.1 Molekülanordnung amorpher und teilkristalliner Kunststoffe

Die unterschiedlichen Strukturen führen zu unterschiedlichen Eigenschaften und auch Anwendungen. So sind amorphe Kunststoffe transparent, während teilkristalline Kunststoffe abhängig vom Kristallisationsgrad ein opakes Erscheinungsbild aufweisen. Weiterhin ist das Schwindungspotential teilkristalliner Kunststoffe größer und stark vom Kristallisationsgrad abhängig [32, 33]. Darüber hinaus hat der Kristallisationsgrad Einfluss auf die thermischen und mechanischen Eigenschaften des Werkstoffs. Die Kristallisation selbst hängt stark vom Material und dem Verarbeitungsprozess ab. Umfangreiche Untersuchungen und Details zur Kristallisation und deren Prozesse sind in der Literatur zu finden [34–37]. Der Einsatz von Glasfasern hat ebenso einen deutlichen Einfluss auf die Kristallisationscharakteristik [34, 38]. Aufgrund der höheren Wärmeleitung der Fasern kühlt das Formteil schneller ab. Hierdurch wird die maximale Kristallisationsgeschwindigkeit eher erreicht und die Kristallisation setzt bereits bei höheren Temperaturen ein. Der Einfluss der Glasfasern auf unterschiedliche Stoffwerte wird in [34] ausführlich untersucht. Mit überschreiten der sog. Glasübergangstemperatur T_g, ist eine starke Veränderung der Eigenschaften bei amorphen Thermoplasten erkennbar [28]. Unterhalb T_g liegt ein sprödes Werkstoffverhalten vor, welches mit steigender Temperatur abnimmt, während die Dehnung zunimmt. Bei Temperaturen oberhalb T_g nimmt die Beweglichkeit der Moleküle stark zu, was zu einer rapiden Abnahme der Steifigkeit führt. Das Material befindet sich in einem hochelastischen, kautschukähnlichen Zustand [28]. Dem zur Folge ist der übliche Einsatz amorpher Thermoplasten unterhalb T_g. Die übliche Einsatztemperatur teilkristalliner Werkstoffen liegt oberhalb T_g. In diesem Bereich sind die amorphen Bereiche erweicht, während kristalline Bereiche weiterhin fest sind. Hieraus ergibt sich ein zähelastisches, hartes Materialverhalten [28].

2.2 Spritzgießen von Thermoplasten

Das Spritzgießverfahren stellt eines der wichtigsten, fortschrittlichsten und das meistgenutzte Herstellungsverfahren für Kunststoffbauteile dar [31, 39, 40]. Es kann vollautomatisiert durchgeführt werden und erlaubt sehr hohe Designfreiheiten. So können komplexe Strukturen, wie Hinterschnitte oder Verzweigungen ohne Nachverarbeitung durch den Einsatz von speziellen Spritzgießwerkzeugen umgesetzt werden. Ebenso können Einlegeteile, wie Gewindeeinsätze oder versteifende Strukturen, wie Metalleinleger integriert werden. Das Spritzgießverfahren zeichnet sich durch seine Großserientauglichkeit aus. So können fertige Kunststoffbauteile binnen weniger Sekunden hergestellt werden. Mehrfachwerkzeuge oder Familienwerkzeuge erlauben hierbei die simultane Produktion mehrerer Komponenten in einem Zyklus. Das Spritzgießverfahren findet in den Hauptanwendungsfeldern von Thermoplasten Anwendung. Hierzu zählen Konsumgüter, der Automobil- und Luftfahrtsektor, die Lebensmittelindustrie, sowie medizinische Anwendungen.

Der Spritzgießprozess kann in drei wesentliche Prozessschritte unterteilt werden:

(1) Einspritzphase

(2) Nachdruck- und Restkühlphase

(3) Auswerfen

Zunächst wird das Material, welches üblicherweise in Granulatform vorliegt, im beheizten Spritzaggregat aufplastifiziert. Anschließend erfolgt der Einspritzvorgang in das geschlossene Spritzgießwerkzeug. Der Einspritzvorgang ist definiert durch die Einspritzzeit bzw. den Volumenstrom. Zur Kompensation der volumentrischen Schwindung der Kunststoffschmelze wird kurz vor der vollständigen Füllen auf die Nachdruckphase umgeschaltet. Hierbei wird druckgeregelt bis zum Erreichen des Siegelpunktes Material nachgedrückt. Sobald die Nachdruckphase abgeschlossen ist, erfolgt die weitere Abkühlung in der Kavität, solange bis das Formteil formstabil entformt werden kann. Parallel hierzu wird bereits neues Material für den nächsten Zyklus aufplastifiziert. Nach dem Auswurfprozess beginnt der nächste Zyklus.

Eine ausführliche Beschreibung des Spritzgießverfahrens ist in der Literatur zu finden [29, 31, 41].

2.2.1 Rheologische Prozesse

Im Spritzgießprozess treten unterschiedliche Strömungsarten auf, diese sind

- die Scherströmung,

- die Dehnströmung,

- sowie die Quellströmung.

Abbildung 2.2 zeigt die Strömungsvorgänge einer Kunststoffschmelze im Spalt, welche im Folgenden vorgestellt werden.

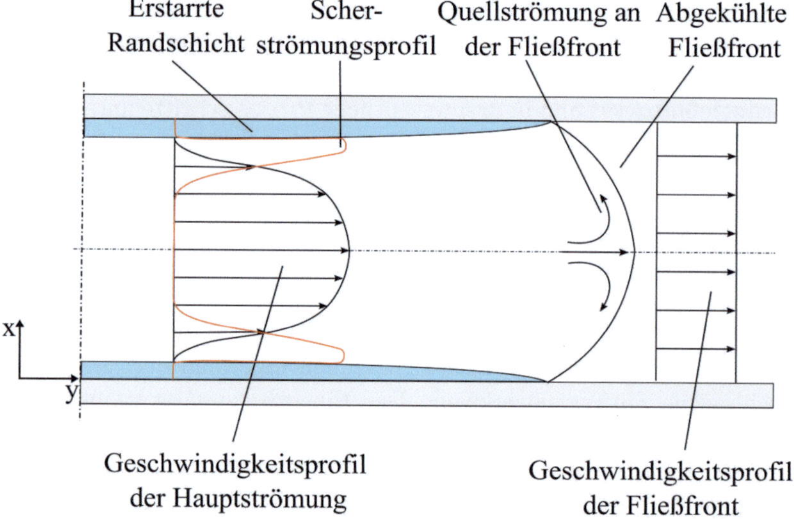

Abbildung 2.2 Strömungsvorgänge einer Kunststoffschmelze im Spalt nach STITZ [42]

2.2.1.1 Scherströmung

Der Strömungsverlauf einer Kunststoffschmelze kann als laminare Schichtströmung im Spalt betrachtet werden [43]. Im Randbereich, an dem die Schmelze aufgrund der niedrigen Werkzeugoberflächentemperatur einfriert, kann von Wandhaftung ausgegangen werden. Der Geschwindigkeitsverlauf über den Kanalquerschnitt kann idealisiert als parabolisches Profil angenommen werden. Die Scherströmung ergibt sich hierbei aus den Geschwindigkeitsgradienten zwischen den Schichten. Die größte Scherung tritt nahe der Kanalwand auf, da dort der größte Geschwindigkeitsgradient zwischen der eingefrorenen Randschicht und der strömenden Schmelze auftritt [43].

2.2.1.2 Quell- und Dehnströmung

Aufgrund von Abkühleffekten an der Schmelzefront bildet sich eine Art eingefrorene, bzw. hochviskose Haut an dieser aus [43]. Das Geschwindigkeitsprofil an der Fließfront kann als konstant über den Querschnitt angenommen werden, wobei die Strömungsgeschwindigkeit niedriger ist, als die der nachströmenden Schmelze. Dies liegt daran, dass die Schmelzegeschwindigkeit der Schmelze mit Reduktion des freien Querschnitts, bzw. mit zunehmend eingefrorenen Randbereichen zunimmt [42]. Sobald die nachströmende Schmelze die eingefrorene Fließfront erreicht, wird diese nach außen in Richtung der Werkzeugwände umgelegt. Diese Strömung wird als „Quellströmung" bezeichnet. Im Zuge dieser Umlenkung der Strömung treten außerdem Dehnungseffekte an den Molekülen auf, dieser Effekt wird als „Dehnströmung" bezeichnet.

2.2.2 Faserausrichtung

Im Zuge des Spritzgießprozesses richten sich Kurzglasfasern lokal im Formteil aus, was zu einem anisotropen Bauteil- und Schwindungsverhalten führt. Nachfolgend wird die Entstehung der Faserorientierung aufgrund der Strömungsvorgänge anhand des Kastenformteils beschrieben, welches im weiteren Verlauf dieser Arbeit Anwendung findet.

Abbildung 2.3 zeigt das simulierte Füllverhalten des Kastens in mehreren Abschnitten.

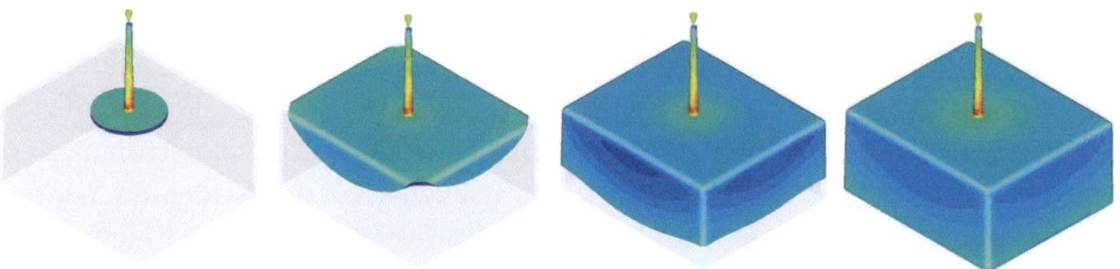

Abbildung 2.3 Simuliertes Füllverhalten des Kastenformteils

Abbildung 2.4 zeigt die Draufsicht des zuvor gezeigten Kastenformteils, sowie die simulierte Faserausrichtung in der Mittelschicht (a) und in den Außenschichten (b).

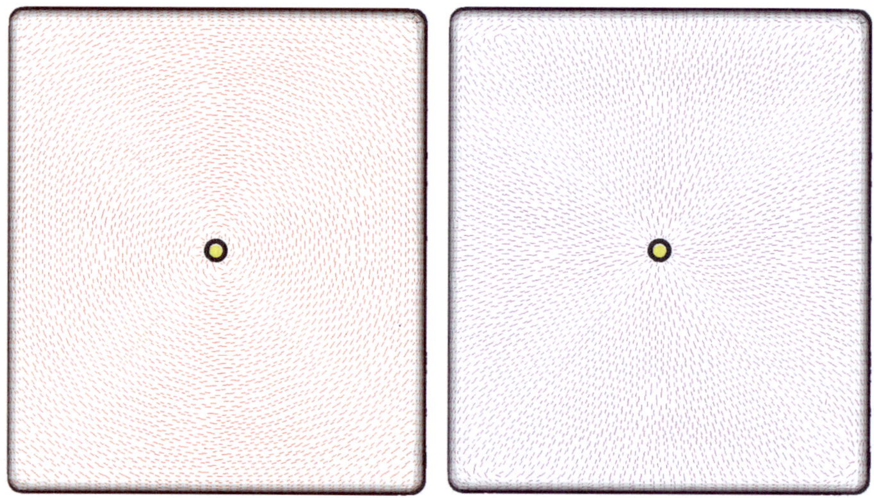

Faserorientierung Mittelschicht (a)   Faserorientierung Außenschichten (b)

Abbildung 2.4 Simulierte Faserausrichtung im Kastenformteil (Draufsicht)

In Abbildung 2.4 ist zu erkennen, dass sich die Fasern in der Mittelschicht konzentrisch zum Anguss (gelb) ausgerichtet haben. Dies ist auf die sich radial ausbreitende Fließfront beim Eintritt in die Kavität zurückzuführen (siehe Abbildung 2.3). Erst durch Scherströmungseffekte an der Fließfront werden die Fasern längs orientiert (siehe Kapitel 2.2.1.1) [44, 45].

Dies ist auch in der in Abbildung 2.5 dargestellten Schnittdarstellung einer Computertomographie-Messung (CT-Messung) am Kastenformteil zu erkennen. In den Außenbereichen sind die Fasern primär in Fließrichtung ausgerichtet. Im Kernbereich ist eine Mittelschicht erkennbar, in der die Fasern hauptsächlich quer zur Fließrichtung orientiert sind.

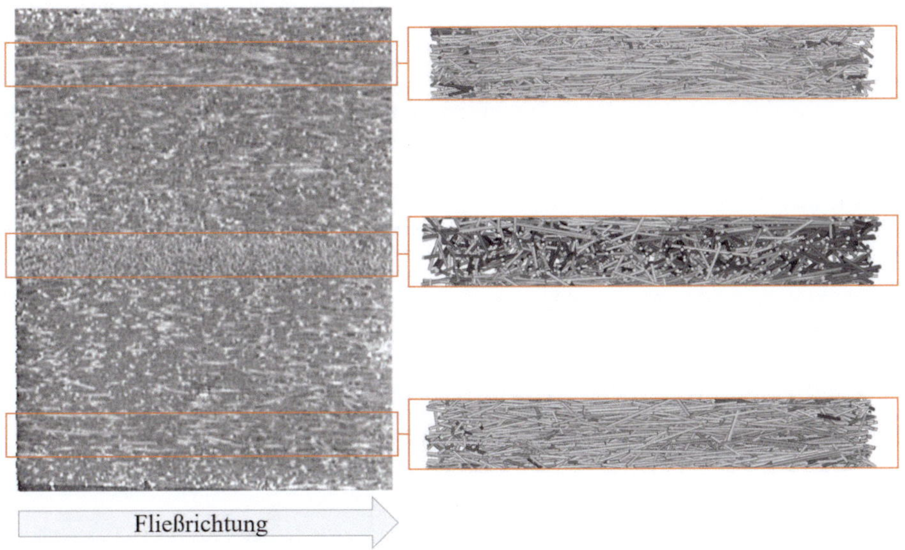

Abbildung 2.5 Schnittbild CT-Messung Kastenformteil

Neben den genannten Strömungen selbst, haben das Material, der Faservolumenanteil, die Prozessparameter, aber auch die Formteilgeometrie, einen erheblichen Einfluss auf die lokale Faserorientierung. Diese sind unter anderem in [22, 46–52] beschrieben.

2.2.2.1 Analytische Bestimmung der Faserorientierung

Zur analytischen Bestimmung der Faserorientierung in kurzglasfaserverstärkten Kunststoffbauteilen existieren unterschiedliche Methoden, welche unter anderem in [53–59] beschrieben sind. In dieser Arbeit findet die Bestimmung der Faserorientierung mittels Computertomographie Anwendung und wird nachfolgend detailliert dargestellt. Abbildung 2.6 stellt den Ablauf der Faserstrukturanalyse dar.

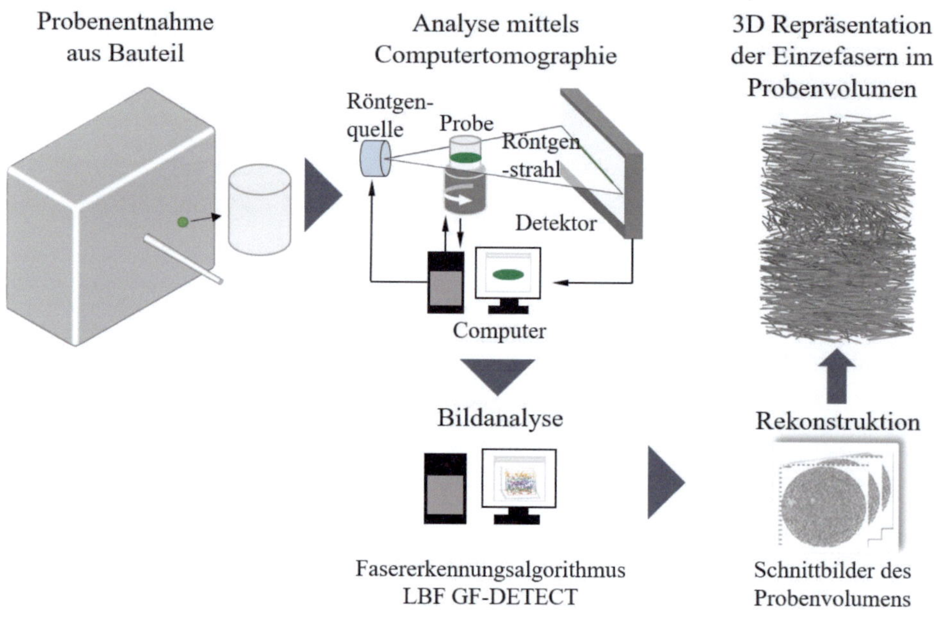

Abbildung 2.6 Ablauf der Faserstrukturanalyse (Bild: Fraunhofer LBF)

Im ersten Schritt wird an einer definierten Position ein Probenzylinder aus dem zu untersuchenden Bauteil heraus präpariert. Die Probe misst 1,8 mm im Durchmesser und besitzt eine Höhe, die der Wandstärke des Bauteils entspricht. Diese wird anschließend im Computertomographen gescannt. Für die Messungen kommt der Mikrotomograph Skyscan 1070-100 mit einer maximalen Auflösung von 1,8 µm zum Einsatz. Während der Messung wird die Probe in 0,45°-Schritten um 180° gedreht und belichtet. In der anschließenden Rekonstruktion wird aus den Durchlichtbildern wieder ein 3D-Volumen rekonstruiert und hieraus Schnittbilder abgeleitet, welche als Eingangsgröße für den Fasererkennungsalgorithmus *LBF GF-Detect* dienen [60].

Der Algorithmus nutzt Monte-Carlo-Methoden zur Ermittlung der Faserachsen und Analyse der Fasergeometrie (Länge und Durchmesser).

Die zufällige Auswahl erfolgt hierbei in mehreren unabhängigen Instanzen. Die Fasererkennung ist ein iteratives Verfahren. Wird eine Faser erkannt, werden die Voxel dieser gelöscht und folgende Iterationen beschränken sich auf Bereiche, in denen noch keine Faser detektiert wurde, ähnlich einer Mikado-Strategie. Der Algorithmus wird solange durchgeführt, bis ein Abbruchkriterium, zum Beispiel die Konvergenz des Faserorientierungstensors (siehe Kapitel 2.2.2.3) erreicht wird. Zur Darstellung des schichtweisen Orientierungstensors bzw. der Längen- und Durchmesserverteilung wird das Prüfvolumen segmentiert. Üblicherweise in 10- oder 20 Schichten. Anhand des Mittelpunktes wird jede Faser einer Schicht zugeordnet und die entsprechenden Verteilungen berechnet.

2.2.2.2 Numerische Bestimmung der Faserorientierung

Der Ursprung heutiger Berechnungsmodelle für die numerische Vorhersage der Faserorientierung geht auf die JEFFERY-Gleichung aus dem Jahre 1922 zurück. Sie beschreibt die Bewegung eine elliptischen Partikels in einem viskosen Fluid [61, 62]. 1984 veröffentlichten FOLGAR und TUCKER eine Erweiterung der JEFFERY-Gleichung, welche die Interkation das Fasern untereinander berücksichtigt [22, 62]. Da die hierbei zu lösende Wahrscheinlichkeitsverteilungsfunktion zu aufwendig für numerische Anwendungen ist, führten ADVANI und Tucker im Jahre 1987 eine tensorielle Beschreibung der Faserorientierung ein [16]. Diese ist heute als FOLGAR-TUCKER-Gleichung bekannt und findet in Spritzgießsimulationsprogrammen Anwendung. Seitdem werden einige Weiterentwicklungen dieses Modells veröffentlicht. So wird beispielsweise 2008 das Reduced Strain Closure (RSC) Modell vorgestellt [63]. Mithilfe eines skalaren Faktors reduziert dieses Modell die zu hoch prognostizierte Änderungsrate der Eigenwerte des Orientierungstensors. Um das Verhalten von Langglasfasern besser abbilden zu können, wird 2009 das Anisotropic Rotary Diffusion Modell (ARD) veröffentlicht [64]. Hierauf aufbauend werden weitere Modifikationen vorgestellt und in den Programmen implementiert, welche die Prognose der Faserorientierung zunehmend verbessern. Der Entwicklungsfortschritt ist in der Literatur ausführlich diskutiert und unter anderem in [65–68] beschrieben.

2.2.2.3 Tensorielle Beschreibung der Faserorientierung

Die lokalen Materialeigenschaften eines kurzglasfaserverstärkten Kunststoffbauteils ergeben sich aus der Faserorientierungsverteilung. Die Orientierung einer einzelnen Faser ergibt sich hierbei aus dem Orientierungsvektor $\boldsymbol{p}$. Dessen Komponenten p_1, p_2 und p_3 sind wie folgt definiert [16]:

$$p_1 = sin\phi cos\Theta, \qquad (2.1)$$

$$p_2 = sin\phi sin\Theta, \qquad (2.2)$$

$$p_3 = cos\phi. \qquad (2.3)$$

Abbildung 2.7 zeigt die Orientierung einer Einzelfaser im kartesischen Koordinatensystem. Dessen Ausrichtung kann hierbei durch die Winkel ϕ, Θ im dreidimensionalen Raum beschrieben werden.

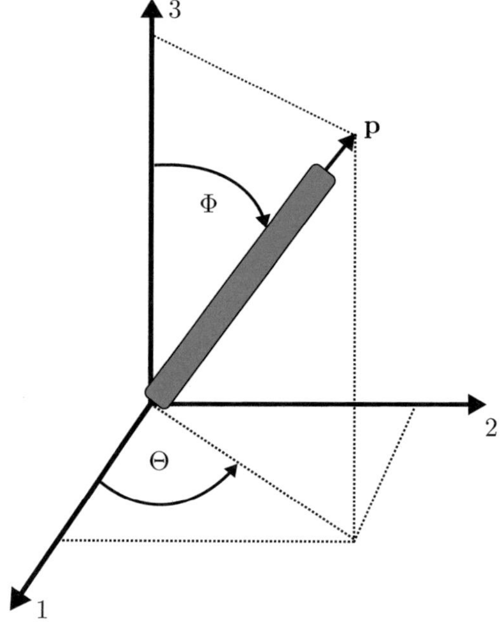

Abbildung 2.7   Orientierung einer Einzelfaser

Mathematisch kann die Faserorientierung mithilfe der Wahrscheinlichkeitsverteilungsfunktion der Orientierung beschrieben werden [16]. Hierbei wird angenommen, dass die Fasern als starre Zylinder betrachtet werden, deren Längen und Durchmesser einheitlich sind und die Faserkonzentration konstant ist.

Da die Lösung der Wahrscheinlichkeitsfunktion $\psi(\boldsymbol{p})$ für numerische Berechnungen zu aufwendig ist, wurde in [16] 1987 die tensorielle Beschreibung der Faserorientierung eingeführt [19]. Hierbei werden die sog. Orientierungstensoren zweiter- $\boldsymbol{A}$ und vierter Stufe $\mathbb{A}$ definiert und sind wie folgt beschrieben:

$$\boldsymbol{A} = \oint p_i p_j \psi(\boldsymbol{p}) d\boldsymbol{p} \tag{2.4}$$

und

$$\mathbb{A} = \oint p_i p_j p_k p_l \psi(\boldsymbol{p}) d\boldsymbol{p}. \tag{2.5}$$

Es gilt [16]:

$$\psi(\boldsymbol{p}) = \psi(-\boldsymbol{p}) \tag{2.6}$$

und

$$\oint \psi(\boldsymbol{p}) d\boldsymbol{p} = 1. \tag{2.7}$$

Zur Darstellung der Faserorientierung wird in der Praxis, beispielsweise in Spritzgießsimulationen, der zweistufige Orientierungstensor $\boldsymbol{A}$ genutzt. Der vierstufige Tensor $\mathbb{A}$ wird jedoch benötigt, um $\boldsymbol{A}$ zu berechnen [16, 19, 22]. Im Folgenden wird der Orientierungstensor anhand einiger Orientierungszustände genauer erläutert. In Abbildung 2.8 sind alle Fasern in die Hauptrichtung 1 ausgerichtet. Dieser Orientierungszustand wird auch als unidirektionale Faserorientierung bezeichnet.

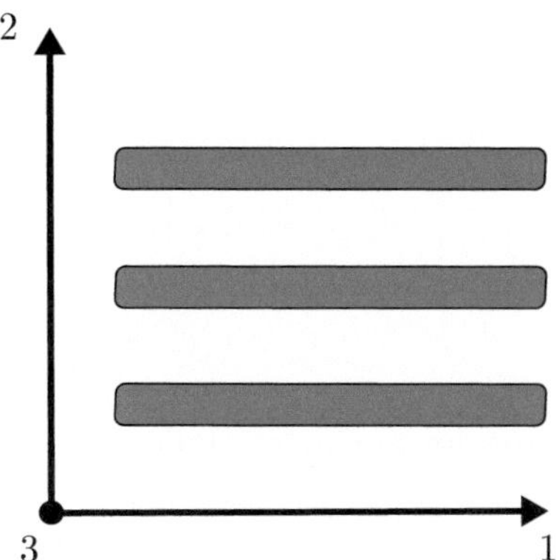

Abbildung 2.8 Unidirektionale Faserausrichtung

Hieraus resultiert folgender Orientierungstensor:

$$\boldsymbol{A} = \begin{bmatrix} 1 & 0 & 0 \\ 0 & 0 & 0 \\ 0 & 0 & 0 \end{bmatrix}. \tag{2.8}$$

In Abbildung 2.9 sind zwei orthotrope Orientierungszustände dargestellt. In Abbildung 2.9 (a) sind zwei der drei Fasern in Hauptrichtung 1 und eine Faser in Richtung 2 ausgerichtet.

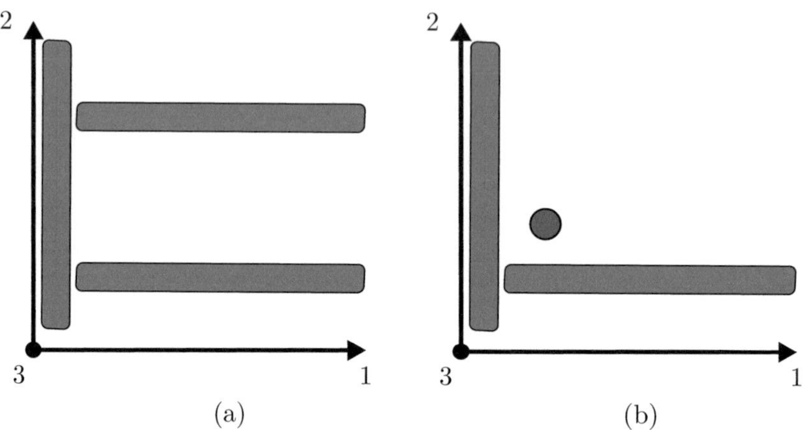

Abbildung 2.9   Orthotrope Faserausrichtung

Hieraus ergibt sich folgender Orientierungstensor:

$$A = \begin{bmatrix} 0.66 & 0 & 0 \\ 0 & 0.33 & 0 \\ 0 & 0 & 0 \end{bmatrix}. \tag{2.9}$$

In Abbildung 2.9 (b) ist je eine Faser in eine der drei Hauptrichtungen orientiert. Hieraus folgt:

$$A = \begin{bmatrix} 0.33 & 0 & 0 \\ 0 & 0.33 & 0 \\ 0 & 0 & 0.33 \end{bmatrix}. \tag{2.10}$$

Selben Orientierungstensor erhält man bei einer regellosen Ausrichtung der Fasern, was zeigt, dass der Orientierungstensor nicht eindeutig ist [22].

Ein letztes Beispiel soll den Einfluss gewählten Koordinatensystems aufzeigen. Hierzu ist in Abbildung 2.10 erneut eine unidirektionale Faserausrichtung dargestellt. Dieses Mal sind diese jedoch nicht im Hauptachsensystem orientiert, sondern um 45° hierzu in der 1-2-Ebene gedreht.

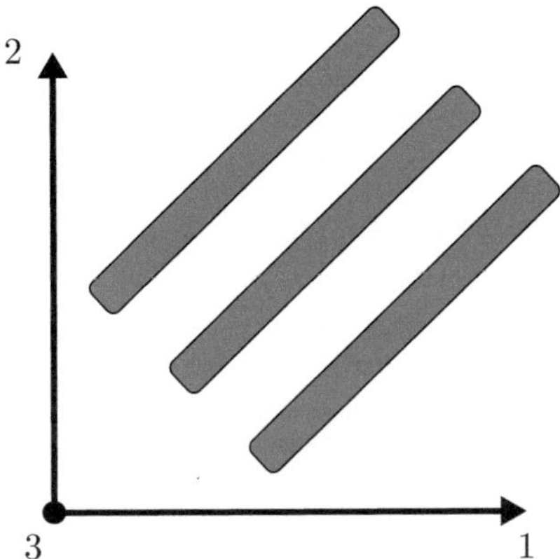

Abbildung 2.10 Unidirektionale Faserausrichtung 45°

Hieraus ergibt sich folgender Tensor:

$$\mathbf{A} = \begin{bmatrix} 0.5 & 0.5 & 0 \\ 0.5 & 0.5 & 0 \\ 0 & 0 & 0 \end{bmatrix}.$$ (2.11)

Betrachtet man nun lediglich die Hauptdiagonalkomponenten des Orientierungstensors, ist nicht eindeutig erkennbar, dass es sich um die aufgezeigte Faserorientierung handelt. Lediglich an den Nebendiagonalkomponenten ist nun erkennbar, dass sich der Tensor nicht auf das Hauptachsensystem bezieht. Dies ist im Simulationsabschnitt dieser Arbeit relevant (siehe Kapitel 5.3.2).

Mit dem Index k, der Länge l_k, dem Radius r_k und der Richtung n_k jeder Einzelfaser kann der Orientierungstensor jeder Schicht nach

$$\mathbf{A} = \frac{1}{\sum_{k=1}^{N} l_k \cdot r_k^2} \cdot \sum_{k=1}^{N} l_k \cdot r_k^2 \cdot (n_k)_i \cdot (n_k)_j$$ (2.12)

volumengewichtet berechnet werden [60]. Die schichtweise Zuordnung jeder Faser erfolgt über die Position p.

2.2.2.3.1 Eingenwerte- und vektoren des Orientierungstensors

Die in Kapitel 2.2.2.3 dargestellten Beispiele zeigen, dass die Wahl der Bezugsachsen einen essentiellen Einfluss auf den Orientierungstensor zweiter Stufe haben. Insbesondere bei komplexen Strukturen ist eine Abschätzung des Hauptachsensystems kaum möglich. Mithilfe einer Hauptachsentransformation ist es jedoch möglich, das Koordinatensystem zu ermitteln, bei dem lediglich die Hauptdiagonalkomponenten des Tensors besetzt sind. Die Hauptachsentransformation besteht aus drei grundlegenden Schritten:

(1) Bestimmung der Eigenwerte λ_i des Orientierungstensors $\boldsymbol{A}$

(2) Bestimmung der, den Eigenwerten λ_i zugehörigen Eigenvektoren e_i

(3) Transformation des Orientierungstensors $\boldsymbol{A}$

Eine ausführliche Beschreibung der Berechnungsschritte ist in [69] zu finden. Die Bedeutung der Eigenwerte λ_i und -vektoren e_i ist in Abbildung 2.11 dargestellt.

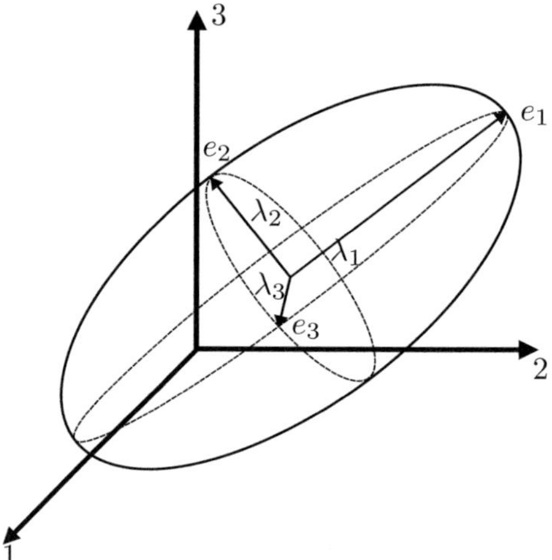

Abbildung 2.11   Ellipsoide Beschreibung des Faserorientierungstensors zweiter Stufe

Die Orientierung des Ellipsoids ist durch seine Eigenvektoren e_i definiert. Die Länge der Achsen ergibt sich aus den zugehörigen Eigenwerten λ_i.

An dieser Stelle sei auf eine Besonderheit der Berechnung des Orientierungtensors zweiter Stufe in CADMOULD® hinzuweisen. Per Definition kann sich die Faser nur in der Elementebene orientieren. Hieraus folgt, dass die Dickenkomponenten des Tensors im lokalen Koordinatensystem des Elements gleich null sind und sich der Tensor

$$A = \begin{bmatrix} A_{xx} & A_{xy} & 0 \\ A_{yx} & A_{yy} & 0 \\ 0 & 0 & 0 \end{bmatrix} \tag{2.13}$$

ergibt. Für diesen gelten weiterhin die Bedingungen aus (2.6) und (2.7).

2.2.3 Schwindung und Verzug

Die Bauteilschwindung und der Verzug stellen wichtige Qualitätsmerkmale spritzgegossener Kunststoffbauteile dar. Neben rein optischen Aspekten, können sie auch die Komponenten- oder Gesamtsystemperformance maßgeblich beeinflussen. Der Begriff „Schwindung" wird häufig für die Beschreibung von zwei Phänomenen genutzt. Ersteres ist die Umorientierung und Relaxation der Polymerketten, infolge von Temperaturänderungen. Zudem beschreibt die Schwindung die Volumenkontraktion welche außerdem aufgrund von Temperaturänderungen auftritt [70]. Infolge inhomogener Temperaturverteilungen, lokal unterschiedlicher Nachdruckwirkung, variierender Wandstärken des Formteils und anderen lokalen Effekten, wie der Faserorientierung bei verstärkten Kunststoffen, ist die Bauteilschwindung inhomogen. Dies führt zum „Verzug" des Formteils. Der Verzug beschreibt hierbei die Formänderung [70, 71]. In dieser Arbeit wird der Begriff „Schwindung" zur Beschreibung der Veränderung der Abmaße nach dem Spritzgießprozess genutzt. Dies deckt sich mit der geläufigen Begriffszuordnung in der Praxis [19]. Über das Werkzeug- L_W und das Formteilmaß L_F berechnet sich die prozentuale Schwindung S nach

$$S = \frac{(L_W - L_F)}{L_W} \cdot 100\ \%. \tag{2.14}$$

Der Begriff „Verzug" wird zur Beschreibung der Formänderung genutzt. Eine klare Trennung beider Effekte ist in der Praxis jedoch nicht möglich, da sie überlagert auftreten. Daher wird „Schwindung und Verzug" genutzt, um die Superposition beider Effekte zu beschreiben.

2.2.3.1 Ursachen der Bauteilschwindung

Allgemein kann die Bauteilschwindung auf das temperatur- und druckabhängige
Verhalten des Kunststoffs, sowie entsprechende Prozesse beim Spritzgießen zurückgeführt werden. Die Beschreibung der Temperatur- und Druckabhängigkeit erfolgt
mithilfe des pvT-Diagramms, welches in Abbildung 2.12 für einen amorphen und
teilkristallinen Kunststoff dreidimensional dargestellt ist.

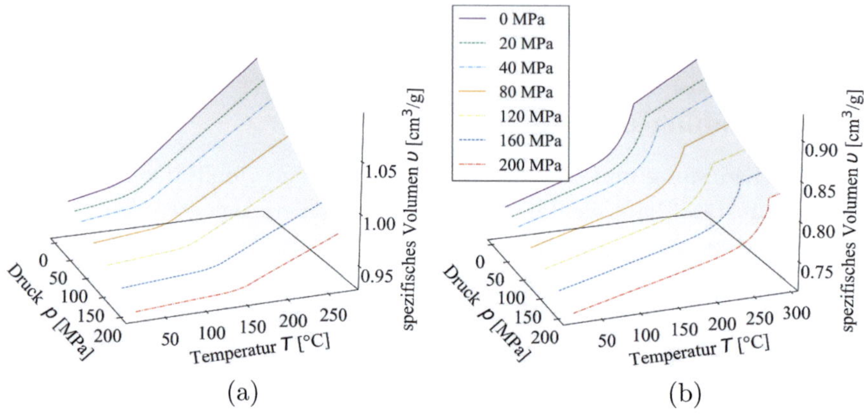

Abbildung 2.12 3D-pvT-Diagramm. (a): amorpher Kunststoff; (b): teilkristalliner Kunststoff (Materialdaten aus [72])

In der Praxis erfolgt die Darstellung zweidimensional (siehe Abbildung 2.13).

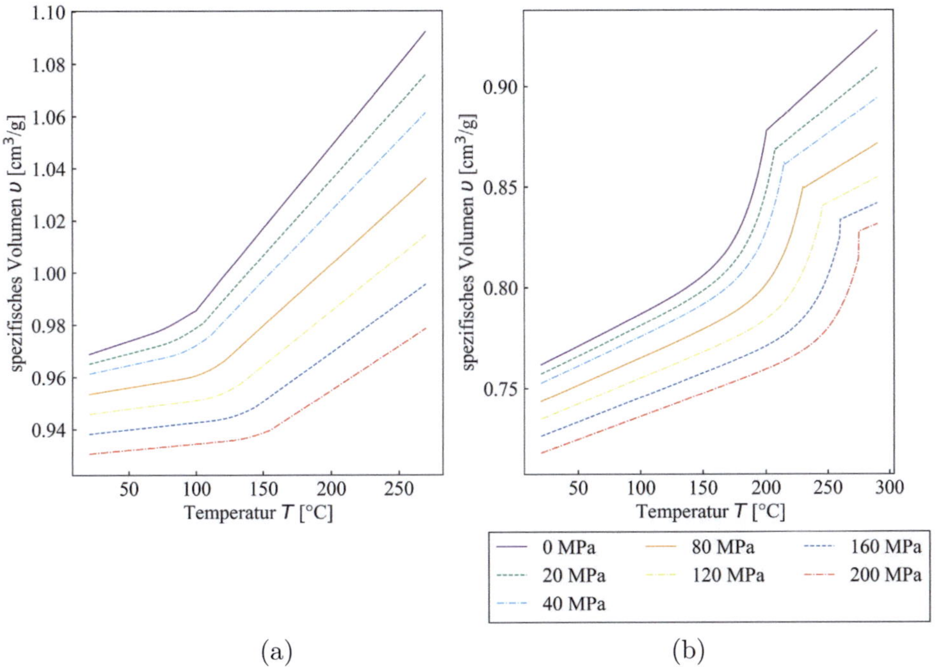

Abbildung 2.13 pvT-Diagramm. (a): amorpher Kunststoff; (b): teilkristalliner Kunststoff (Material-daten aus [72])

Im Zuge des Spritzgießprozesses erfährt der Kunststoff unterschiedliche Drücke und Temperaturen, wodurch sich das spezifische Volumen (Dichte^{-1}) verändert. Dies ist in Abbildung 2.14 für den teilkristallinen Kunststoff dargestellt.

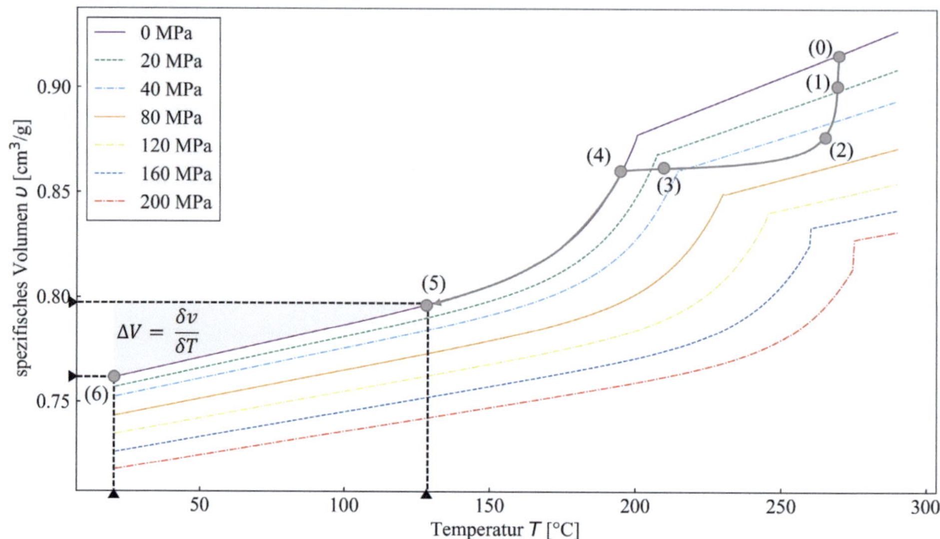

Abbildung 2.14 Darstellung des Spritzgießprozesses im pvT-Diagramm für einen teilkristallinen Kunststoff (in Anlehnung an [73])

Prozessschritte:

$(0) \rightarrow (1)$: Füllphase
$(1) \rightarrow (2)$: Kompressionsphase
$(2) \rightarrow (3)$: Nachdruckwirkung
$(3) \rightarrow (4)$: Druckabbau auf Umgebungsdruck
$(4) \rightarrow (5)$: Abkühlung bis zur Entformungstemperatur
$(5) \rightarrow (6)$: Abkühlung bis zur Umgebungstemperatur

In der Füllphase $(0) \rightarrow (1)$ steigt der Druck zunächst entsprechend des notwendigen Fülldruckbedarfs an. In der Kompressionsphase $(1) \rightarrow (2)$ erfolgt die Umschaltung auf Nachdruck. In der Nachdruckphase $(2) \rightarrow (3)$ wirkt der Nachdruck und kompensiert das Schwindungspotential des Kunststoffs. Hierbei kühlt dieser weiter ab. In $(3) \rightarrow (4)$ wird die Nachdruckversorgung beendet und es erfolgt die weitere Abkühlung in der Kavität. In der Restkühlphase $(4) \rightarrow (5)$ erfolgt die weitere Abkühlung ohne weitere Nachdruckversorgung. Sobald der Kunststoff weit genug abgekühlt ist, um diesen deformationsfrei zu entformen, wird dieser ausgeworfen (5). Zu diesem Zeitpunkt ist der Kunststoff aus Effizienzgründen des Prozesses noch nicht komplett heruntergekühlt. Die verbleibende Differenz im pvT-Diagramm bis zur Raumtemperatur definiert hierbei das verbleibende Schwindungspotential $((5) \rightarrow (6))$.

Grundsätzlich muss zwischen der Verarbeitungs- und Nachschwindung unterschieden werden. Die Verarbeitungsschwindung wird nach 16-24 Stunden im Normklima ermittelt [74]. Auch nach dieser Zeit treten, insbesondere bei teilkristallinen Kunststoffen, Schwindungseffekte auf, welche unter anderem auf Spannungsrelaxation, Nachkristallisation, aber auch Umgebungseinflüsse, wie Feuchtigkeit zurückgeführt werden können [73]. Dies wird als Nachschwindung bezeichnet.

Im Folgenden werden die Faktoren beschrieben, die sich auf die Bauteilschwindung auswirken. Als erstes sei der verarbeitete Thermoplast zu nennen. Wie in Kapitel 2.1 beschrieben, existieren amorphe und teilkristalline Thermoplaste, welche sich hinsichtlich ihrer morphologischen Eigenschaften unterscheiden. Diese strukturellen Unterschiede führen zu einem ungleichen Schwindungsverhalten [42, 75, 76]. Bei amorphen Thermoplasten ist die Makromolekülstruktur, sowohl im Feststoffbereich, als auch im flüssigen Zustand gleich, es liegt eine ungeordnete Struktur vor. Eine Anlagerung von Lamellenstrukturen und Kristallisation ist nicht möglich, weshalb die Schwindung geringer ist als bei teilkristallinen Thermoplasten [76]. Bei teilkristallinen Thermoplasten setzen beim Abkühlen Kristallisationsprozesse ein, welche zeit- und temperaturabhängig sind. Langsame Abkühlprozesse führen hierbei zu höheren Kristallistationsgraden und größerer Schwindung.

Durch eine sehr schnelle Abkühlung hingegen kann der Kristallisationsprozess stark reduziert werden. Dies kann wiederum die Nachkristallisation begünstigen und somit auch die Nachschwindung [32]. Dies zeigt, dass anders als beim amorphen Thermoplasten, das Schwindungspotential nicht nur temperatur- und druckabhängig ist, sondern auch vom Kristallisationsgrad abhängt [77, 78]. In technischen Anwendungen finden häufig kurzglasfaserverstärkte Kunststoffe Anwendung. Glasfasern besitzen einen deutlich kleineren Wärmeausdehnungskoeffizienten, weshalb die Schwindung geringer ausfällt. Wie in Kapitel 2.2.2 beschrieben, richten sich die Fasern lokal im Formteil aus, dies führt zu lokal unterschiedlichen Schwindungseffekten.

Weiterhin hat der Spritzgießprozess und einige Einstellparameter einen Einfluss auf die Bauteilschwindung [10, 32, 42, 73, 79–82]. Hervorzuheben sind hierbei die Schmelze- und Werkzeugtemperatur, die Nachdruckhöhe, sowie die Nachdruck- und Restkühlzeit.

Im Folgenden wird der Einfluss der genannten Prozessparameter diskutiert:

Schmelzetemperatur

Die Veränderung der Schmelzetemperatur hat mehrere Veränderungen zur Folge. Einerseits führt eine höhere Schmelzetemperatur zu einem erhöhten Schwindungspotential. Jedoch führt diese auch zu einer niedrigeren Schmelzeviskosität, wodurch eine bessere Nachdruckübertragung möglich ist und die Schwindung effektiver kompensiert werden kann. In der Literatur ist primär der Effekt der besseren Nachdruckwirkung und folglich einer Schwindungsreduktion beschrieben [12, 32, 73, 80].

Werkzeugtemperatur

Ähnlich der Schmelzetemperatur hat auch eine Veränderung der Werkzeugtemperatur gegenläufige Effekte zur Folge. Einerseits wird durch eine höhere Werkzeugtemperatur der Abkühlprozess verlangsamt und folglich die Wachstumsgeschwindigkeit der eingefrorenen Randschicht reduziert. Dies wiederum führt zu einer effektiveren Nachdruckübertragung und folglich zu einer besseren Schwindungskompensation. Dem entgegenwirkend führt der geringere Abkühlgradient und die länger andauernden hohen Temperaturen dazu, dass das Schwindungspontential steigt. Bei teilkristallinen Thermoplasten kommt zudem der bereits beschriebene Kristallisationseffekt zum Tragen. Der geringere Abkühlgradient führt zu höheren Kristallisationsgraden, welche wiederum zu höherer Schwindung führen. In der Literatur wird eine Reduktion der Schwindung bei reduzierter Werkzeugtemperatur beobachtet [32, 73].

Nachdruckhöhe

Mithilfe des Nachdrucks wird die Volumenkontraktion der Kunststoffschmelze im Zuge der Abkühlung kompensiert. Je höher der Nachdruck bzw. die Nachdruckhöhe, desto stärker kann die Schwindung grundsätzlich reduziert werden [32, 73, 80, 83]. Hierbei müssen jedoch die Maschinengrenzen beachtet werden. Einerseits muss das System den geforderten Druck bereitstellen können. Anderseits muss die Schließkraft der Spritzgießmaschine groß genug sein, um ein Überspritzen des Formteils zu verhindern. Der Einfluss der Nachdruckhöhe kann im pvT-Diagramm nachvollzogen werden. Je höher der Druck zum Einfrierzeitpunkt, desto niedriger ist das spezifische Volumen und folglich das verbleibende Schwindungspotential nach Entformung (siehe Abbildung 2.14).

Nachdruckzeit

Ebenso wie die Nachdruckhöhe hat die Nachdruckzeit einen maßgeblichen Einfluss
auf die Schwindungskompensation. Je länger der Nachdruck anhält, desto effektiver
kann die Volumenschwindung der Kunststoffschmelze ausgeglichen werden. Hierzu
ist es erforderlich, das Angusssystem so auszulegen, dass dieses als Letztes einfriert,
um möglichst lange den Nachdruck an das Formteil übertragen zu können.

Restkühlzeit

Nachdem der Nachdruck nicht mehr wirken kann, beispielsweise aufgrund des er-
reichten Siegelpunktes an dem der Anguss eingefroren ist, wird üblicherweise das
Formteil noch nicht entformt. Dies liegt daran, dass es zu diesem Zeitpunkt noch
nicht vollständig abgekühlt ist. Solange das Formteil im Werkzeug abkühlt, wird die
Schwindung durch die Kavität teils eingeschränkt, die Formteildeformation verhin-
dert und Eigenspannungen eingefroren. Die Eigenspannungen bleiben auch nach der
Entformung bestehen. Die Wahl der Restkühlzeit hat außerdem einen wirtschaft-
lichen Einfluss. Je länger die Restkühlzeit, desto länger der Spritzgießprozess, was
sich insbesondere bei Großserien negativ auswirkt. Hier gilt es einen Kompromiss
zwischen Formstabilität und Zykluszeit zu finden.

Der Einfluss aller genannten Faktoren steht in direktem Kontakt mit der Formteilgeometrie [32]. So wird bei einem dickwandigen Formteil mehr Zeit benötigt,
um die inneren Strukturen abzukühlen. Dies wirkt sich wiederum auf die lokale
Abkühl- und bei einem teilkristallinen Kunststoff auf die Kristallisationsrate aus.
In [32] werden deutliche Abhängigkeiten der Bauteilschwindung in Abhängigkeit
der Bauteildicke dargestellt. Dieser Sachverhalt muss somit auch bei der Gestaltung
lokaler Versteifungsstrukturen, zum Beispiel bei der Dimensionierung von Rippen-
strukturen, Berücksichtigung finden.

2.2.3.2 Ursachen des Bauteilverzugs

Allgemein kann der Bauteilverzug auf eine inhomogene Schwindungsverteilung bzw. Schwindungsdifferenzen ΔS innerhalb des Formteils zurückgeführt werden, welche auf die o.g. Faktoren zurückgeführt werden können [32, 42]. STITZ fasst dies wie folgt zusammen [42]:

$$\Delta S = f(\Delta H, \Delta t_p, \Delta T_M, \Delta T_W, t_K, O) \tag{2.15}$$

mit:

ΔS : Schwindungsdifferenzen
ΔH : Wanddickenunterschiede
Δt_p : unterschiedliche Druckwirkzeiten entlang des Fließwegs
ΔT_M : unterschiedliche Ankunftstemperaturen der Schmelze
ΔT_W : unterschiedliche Werkzeugwandtemperaturen
t_K : Restkühlzeit
O : Orientierung von Molekülen und Fasern

Insbesondere bei der Auslegung des Kühlsystems komplexer Spritzgießwerkzeuge stellt die Reduktion des Verzugs eine Herausforderung dar. Die effiziente Kühlung von Kerneinsätzen, Schiebern o.ä. ist nicht trivial, da hierbei unter anderem die Werkzeugstabilität stets gewährleistet werden muss. Dies kann zu inhomogenen Temperaturverteilungen im Spritzgießwerkzeug führen, was wiederum zu unterschiedlichen Abkühlraten und folglich inhomogenen Schwindungspotentialen führt. Ein weiterer Prozesseinfluss ist der Nachdruck, dessen Wirkung über den Fließweg nachlässt. Dies würde bei gleicher Wanddicke des Formteils zu einem größeren Schwindungspotential am Fließwegende führen. Bei faserverstärkten Kunststoffen führt die lokale Faserstruktur zu einem inhomogenen Schwindungsverhalten, was sich wiederum im Verzug äußert.

Die genannten Faktoren können in der Praxis nicht ausgeschlossen werden, daher müssen diese in der Bauteilauslegung Berücksichtigung finden und Gegenmaßnahmen getroffen werden.

2.3 Spritzgießsimulation

Dieses Kapitel beschreibt die Grundlagen der Spritzgießsimulation. Beginnend mit einer Beschreibung der Berechnungsschritte in 2.3.1, werden in 2.3.2 die notwendigen Materialdaten diskutiert.

2.3.1 Berechnungsmethodik

Im Folgenden wird die Berechnungsmethodik von Spitzgießsimulationen beschrieben. Wenn sich auch Detailaspekte je nach Software unterscheiden, ist der grundlegende Ablauf gleich.

2.3.1.1 Preprocessing

Im ersten Abschnitt, dem sog. Preprocessing, wird das Simulationsmodell aufgebaut und notwendige Randbedingungen gesetzt. In Abbildung 2.15 ist der schematische Ablauf einer CADMOULD® Simulation dargestellt. Dieser lässt sich auch auf andere Simulationsprogramme übertragen, wobei sich Detailaspekte beispielsweise in der Materialbeschreibung unterscheiden können.

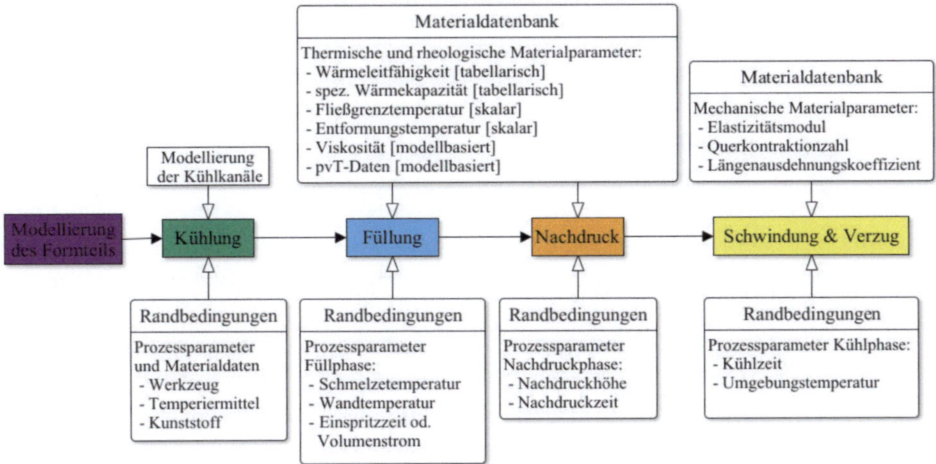

Abbildung 2.15   Ablaufschema einer CADMOULD® Simulation (nach [23])

Im ersten Schritt wird das Computer-Aided-Design-Modell (CAD-Modell) des Bauteils in die Spritzgießsimulation importiert und anschließend diskretisiert, häufig auch als „Vernetzung" bezeichnet. Hierbei wird das Gesamtvolumen in durch Finite-Elemente definierte Einzelvolumina unterteilt. In der Regel laufen Vernetzungsprozesse automatisch ab.

Jedoch kann bei Bedarf der Prozess beeinflusst werden. Beispielsweise kann die relative Elementgröße angepasst oder lokale diffizile Stellen verfeinert werden. Hierfür stehen, abhängig von der gewählten Software, Mittel- und Oberflächen-, sowie Volumenmodelle zur Verfügung. Bei den beiden Erstgenannten kommen hierfür in der Regel Dreiecks- und beim Volumennetz Tetraederelemente zum Einsatz [21, 84, 85]. Auch weitere Elementtypen, zum Beispiel Hexaeder-Elemente können in speziellen Anwendungsfällen zum Einsatz kommen. Im Folgenden werden die Vor- und Nachteile der gängigen Modelle erläutert.

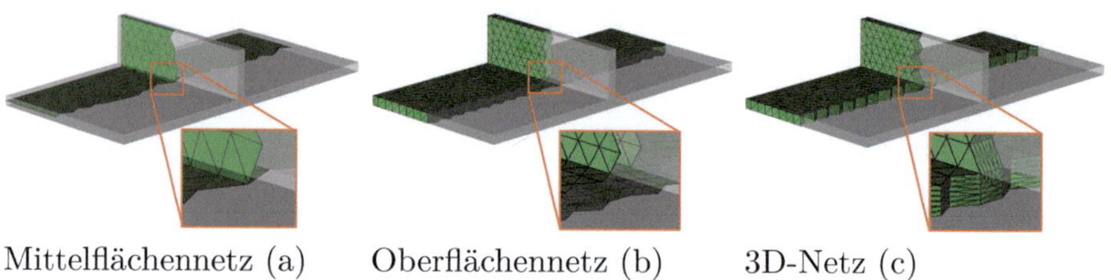

Abbildung 2.16 Darstellung der Diskretisierungsmethoden [86]

Das Diskretisierungsverfahren mit der vergleichsweise geringsten Elementanzahl, ist das Mittelflächennetz (siehe Abbildung 2.16 (a)). Dies zeichnet diese Methode gegenüber den anderen Methoden aus. Aufgrund der geringen Elementanzahl ist die Lösung deutlich schneller als bei einem Oberflächen- oder 3D-Netz. Die lokale Wanddicke ergibt sich aus den Elementrandbedingungen. Während in flächigen Bereichen die Zuordnung der Wanddicke mit dieser Methode gut möglich ist, zeigen sich häufig Schwierigkeiten in Übergangsbereichen oder Radien, wodurch solche Positionen manuell definiert werden müssen. Aus den genannten Gründen findet diese Methode häufig bei großen und flächigen Bauteilen Anwendung. Anders als bei den anderen Methoden muss die Vernetzung in der Regel manuell erfolgen und ist daher mit größerem Aufwand verbunden [87].

Das in Abbildung 2.16 (b) dargestellte Oberflächennetz verfolgt ebenso das Ziel einer schnelleren Lösung durch eine Reduktion der Elemente, soll jedoch zugleich die genannten Schwierigkeiten des Oberflächennetzes reduzieren [87]. Anders als beim Mittelflächennetz wird hierbei die Wanddicke nicht über ein, sondern zwei gegenüberliegende Elemente definiert [88]. Dies erlaubt eine bessere Zuordnung komplexerer Bereiche, zum Beispiel von Radien, weshalb die Zuordnung meist automatisiert erfolgen kann.

In CADMOULD® kommt die Diskretisierung mittels Oberflächennetz standardmäßig zum Einsatz. Simcon bezeichnet diese Methode als 3D-F (3D-Fachwerk). Zur Berechnung der mechanischen Kräfte inmitten des Modells werden im Inneren Beam-Elemente gesetzt, was die Berechnung der Eigenspannungen und folglich von Schwindung und Verzug erlaubt.

In Abbildung 2.16 (c) ist das 3D-Netz mit Tetraederelementen dargestellt, welches in einigen Programmen bereits seit einiger Zeit, und in CADMOULD® mit der Version *V13* mit eingeschränkten Funktionsumfang implementiert wurde. Anders als bei den vorherigen Vernetzungsmethoden, wird hierbei das Bauteil dreidimensional durch Volumenelemente diskretisiert. Hierdurch werden wesentlich mehr Elemente benötigt, um das Bauteil zu vernetzen, was deutlich längere Berechnungszeiten zur Folge hat. Abhängig von den Zielgrößen müssen hinreichend viele Elemente über den Querschnitt gewählt werden, um eine adäquate Abbildungsgüte zu erzielen. Dies ist bei der Berechnung des Orientierungstensors über diesen der Fall, welcher sich deutlich über den Querschnitt verändern kann. Der Vorteil dieser Methode ist, dass insbesondere komplexe Strukturen und Übergange sehr gut abgebildet werden können.

Bei der Betrachtung der Fließfront kann zwischen zwei Ansätzen unterschieden werden, der Eulerschen- und Lagrangesche Betrachtungsweise [19, 71]. Bei der Lagrangesche Methode wird lediglich die plastische Phase (Schmelze) vernetzt. Dies erfordert zeitaufwändige Nachvernetzungsprozesse, um die fortschreitende Fließfront und die finale Formteilkontur abzubilden. Bei der Eulerschen Methode wird die gesamte Kavität vernetzt und das Netz ist starr. Aus diesem Grund findet die Eulersche Betrachtungsweise in der Spritzgießsimulation üblicherweise Anwendung [19, 82]. Die Methodenwahl erfolgt in etablierten Simulationstools innerhalb der Software und kann vom Anwender nicht beeinflusst werden.

Neben dem Bauteil können bei Bedarf Werkzeugeinsätze, Kühlkanäle, sowie Angusssysteme in die Software eingeladen werden. Für die Berechnung der Füll-, sowie Nachdruckphase müssen folgende Randbedingungen in die Software eingegeben werden:

- Schmelze- und Werkzeugwandtemperatur

- Einspritzzeit oder Volumenstrom

- Umschaltpunkt

- Nachdruckhöhe

- Nachdruckzeit

Eine vorgelagerte Kühlsimulation ist hierbei optional. Wird diese nicht durchgeführt, nimmt die Simulation eine einheitliche Werkzeugwandtemperatur an. Durch die Definition der Kühlkanalgeometrien, der Bereitstellung von Materialdaten von Werkzeug, Kühlmedium und Polymer und der Definition der Kühlmitteltemperaturen sowie Durchflussmengen, kann eine Simulation der tatsächlichen lokalen Werkzeugtemperaturen durchgeführt werden.

Dies bietet sich insbesondere dann an, wenn eine Schwindungs- und Verzugssimulation durchgeführt werden soll, da die Ergebnisse hierbei maßgeblich von der Temperaturverteilung abhängen. Ebenso kann so die Simulation genutzt werden, um ein Werkzeug auszulegen und die Kühlung möglichst effizient zu gestalten.

Wie in Abbildung 2.15 dargestellt, müssen neben den beschriebenen Randbedingungen auch Materialdaten bereit gestellt werden. Für eine vollständige Berechnung von Füll- und Nachdruckphase, bis hin zu Schwindung und Verzug, sind nachfolgende Materialparameter erforderlich [19, 73, 86]:

- Viskosität (η) in Abhängigkeit der Scherrate und Temperatur

- Thermische Materialdaten:
    - Wärmeleitfähigkeit (k) in Abhängigkeit der Temperatur
    - Spezifische Wärmekapazität (C_p) in Abhängigkeit der Temperatur
    - Fließgrenztemperatur (T_t)
    - Entformungstemperatur (T_e)

- Spezifisches Volumen (v) in Abhängigkeit des Druckes und der Temperatur

- Mechanische Eigenschaften
    - Elastizitätsmoduln längs, quer $(E_\parallel, E_\perp)$ in Abhängigkeit der Temperatur
    - Querkontraktionszahlen längs, quer $(\nu_\parallel, \nu_\perp)$ in Abhängigkeit der Temperatur
    - Wärmeausdehnungskoeffizienten längs, quer $(\alpha_\parallel, \alpha_\perp)$

Wie in der Auflistung dargestellt, können die thermischen und mechanischen Materialparameter in CADMOULD® temperaturabhängig angegeben werden. Häufig finden sich in Materialdatenbanken jedoch skalare Werte. Im Falle von isotropen Materialien sind die Parameter längs ($\parallel$) und quer ($\perp$) identisch, weshalb nur ersteres angegeben wird. Ebenso ist die Angabe des Wärmeausdehnungskoeffizienten für isotrope Materialien optional, da dieser aus den pvT-Daten berechnet werden kann (siehe Kapitel 2.3.2.6) [73]). Dies gilt außerdem für den Wärmeausdehnungskoeffizient quer $\alpha_\perp$ bei verstärkten Materialien. In Kapitel 2.3.2 werden die aufgelisteten Parameter und deren Bedeutung für die Spritzgießsimulation beschrieben.

2.3.1.2 Solving

Das Solving, sprich die Lösung der aufgestellten Gleichungen, erfolgt automatisch im Hintergrund der Software. Die Dauer der Berechnung hängt hierbei von vielen Faktoren ab. Hierzu zählen unter anderem die gewählte Diskretisierungsmethode und -qualität, die Modellgröße und der Umfang der Simulation. Die Lösung der Gleichungssysteme kann sowohl implizit als auch explizit erfolgen. Die Methodenauswahl hängt hierbei häufig von dem zu lösenden Abschnitt des Spritzgießprozesses ab und erfolgt automatisch, ohne dass der Anwender Einfluss hierauf nehmen kann [19].

2.3.1.2.1 Füll- und Nachdruckphase

Abhängig von der zuvor gewählten Diskretisierungsmethode ergeben sich bei der Lösung der Füllphase unterschiedliche Lösungsansätze. Für 2,5D-Modelle wird eine ebene Hele-Shaw-Strömung angenommen, welche zunächst von einer stationären, inkompressiblen und isothermen Schichtenströmung ausging. Wobei seit einigen Jahren Einfrierprozesse, die Strukturviskosität und auch das kompressible Verhalten Berücksichtigung finden [23, 88]. Unter 2,5D-Modelle sind Mittelflächen- und Oberflächenmodelle zu verstehen, welche über zweidimensionale Elemente, und entsprechende Annahmen die dreidimensionale Bauteilstruktur abbilden (siehe Kapitel 2.3.1.1). Bei der Hele-Shaw-Strömung werden Geschwindigkeitskomponenten in Dickenrichtung vernachlässigt und ein parabolisches Geschwindigkeitsfeld über den Querschnitt angenommen, dessen Verlauf sich aus dem strukturviskosen Materialverhalten und der Annahme der Wandhaftung ergibt. Dies reduziert den Rechenaufwand und ist für flächige Bauteile ein gangbarer Ansatz. In Kunststoffbauteilen treten jedoch auch Situationen auf, in denen die Annahme der zwei dimensionalen Strömung nicht zutrifft, beispielsweise bei Wanddickensprüngen oder Verrippungen, aber auch bei der Quellströmung an der Fließfront. Diese können nur mit einer 3D Simulation genau abgebildet werden [88]. Hierbei sind jedoch erheblich mehr Elemente notwendig und der Rechenaufwand steigt immens.

Zur Simulation der Füllphase wird diese in mehrere Zeitinkremente unterteilt und folgende Berechnungen durchgeführt [73]:

(1) Fließfrontfortschritt

(2) Fließfrontgeschwindigkeit

(3) Temperatur

(4) Viskosität

(5) Druck

Wobei diese Schritte nur für Knoten durchgeführt werden, die zu diesem Zeitpunkt gefüllt sind. Der Schmelzefortschritt ergibt sich hierbei aus dem vorgegebenen Volumenstrom bzw. der Einspritzzeit und die Fließfrontgeschwindigkeit aus den lokalen Wanddicken.

Die Veränderung der initialen Schmelzetemperatur ergibt sich aus mehreren Effekten, wie der Scherströmung, aber auch der Wärmeabfuhr an das Spritzgießwerkzeug. Aus der Geschwindigkeit und der resultierenden Schmelzetemperatur kann die Viskosität und anschließend der erforderliche Fülldruck errechnet werden. Während in der Füllphase am Knoten des Anspritzpunktes ein Volumenstrom vorgegeben ist, wird beim Nachdruck ein Druck eingestellt. Hierbei werden o.g. Berechnungsschritte durchgeführt. Der Volumenstrom ergibt sich aus den Abkühlbedingungen, resultierend aus dem pvT-Verhalten, sowie den Strömungswiderständen. Sobald das Material komplett eingefroren ist und kein Material mehr fließen kann, resultiert aus weiterer Abkühlung eine Volumenänderung [23].

2.3.1.2.2 Schwindung und Verzug

Die Vorhersage von Schwindung und Verzug erfolgt in CADMOULD® auf Basis berechneter Eigenspannungen. Dies kann anschaulich mithilfe des Erstarrungsmodells von STITZ [89] dargestellt werden (siehe Abbildung 2.17).

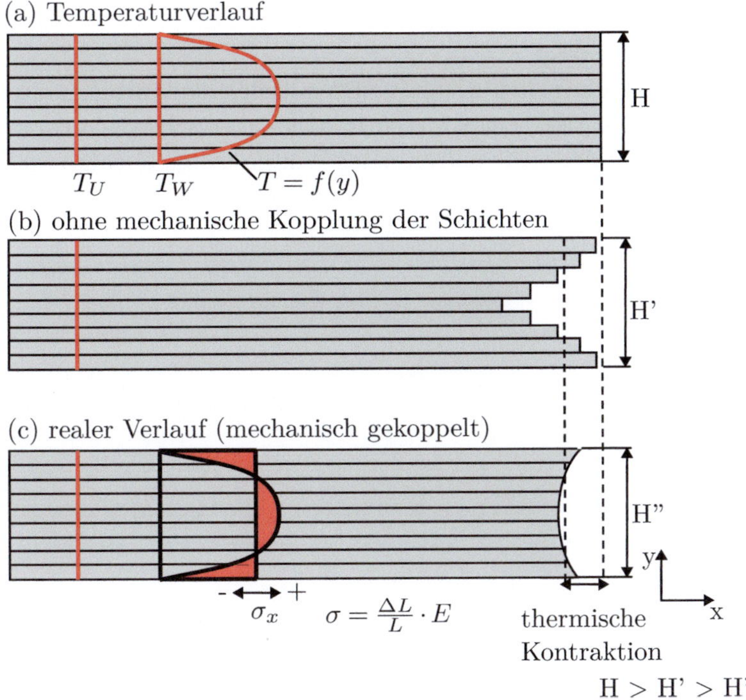

Abbildung 2.17   Erstarrungsmodell nach STITZ [89]

In (a) ist der Temperaturverlauf über die Wanddicke D dargestellt. Unterteilt man das Formteil über diese hinweg in Schichten auf, besitzt jede Schicht ein anderes Schwindungspotential. Dies ist in (b) dargestellt. Diese Schichten sind in der Realität jedoch miteinander gekoppelt, wodurch sich eine mittlere Kontraktion einstellt und sich Spannungen im Formteil bilden (c). Bildet sich eine unsymmetrische Spannungsverteilung aus, zum Beispiel infolge eines ungleichmäßigen Temperaturverlaufs, entsteht Bauteilverzug [23, 73]. Für die Berechnung der Eigenspannungen ist die Fließgrenztemperatur T_t von entscheidender Bedeutung. In der Simulation wird die Annahme getroffen, dass sich oberhalb T_t keine Spannungen im Material ausbilden. Unterhalb T_t verhält sich das Material elastisch und Spannungen können sich aufbauen.

Hierbei handelt es sich um vereinfachte Annahmen, welche das viskoelastische Verhalten außer acht lassen. Diese Vereinfachung wird auch in anderen Programmen, wie beispielsweise Moldflow®genutzt [27]. Es existieren außerdem weitere Ansätze, die in [19, 71] beschrieben sind. Da diese in CADMOULD® nicht implementiert sind, werden sie nicht weiter ausgeführt.

2.3.1.2.3 Kühlberechnung

Die Kühlberechnung erfolgt in CADMOULD® mithilfe von Wärmebilanzen. In Abbildung 2.18 ist schematisch ein Spritzgießwerkzeug, einschließlich der Aufspannplatten und der Kühlung, sowie auftretender Wärmeströme $\dot{Q}$ dargestellt.

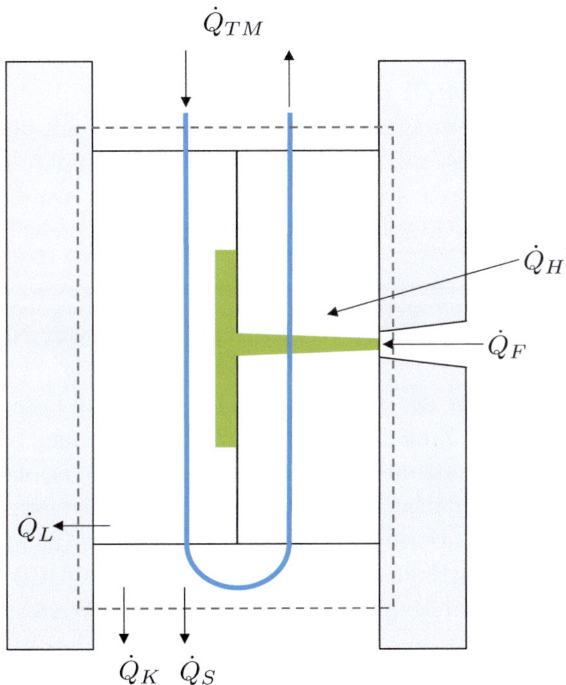

Abbildung 2.18 Wärmebilanz Spritzgießwerkzeug (in Anlehnung an [73])

mit:

$\dot{Q}_F$: zugeführter Wärmestrom der Polymerschmelze
$\dot{Q}_H$: zugeführter Wärmestrom zum Beispiel aus Heißkanalsystem
$\dot{Q}_{TM}$: abgeführter Wärmestrom durch das Kühlmedium
$\dot{Q}_L$: abgeführter Wärmestrom durch Wärmeleitung in die Aufspannplatten
$\dot{Q}_K$: abgeführter Wärmestrom an die Umgebung durch Konvektion
$\dot{Q}_S$: abgeführter Wärmestrom an die Umgebung durch Strahlung

Hieraus folgt die Wärmebilanz

$$\dot{Q}_F + \dot{Q}_H + \dot{Q}_{TM} + \dot{Q}_L + \dot{Q}_K + \dot{Q}_S = 0. \tag{2.16}$$

In CADMOULD® werden Wärmeströme an die Umgebung, sowie von Heißkanälen kommende vernachlässigt [73]. Hieraus folgt die vereinfachte Wärmebilanz

$$\dot{Q}_F + \dot{Q}_{TM} = 0. \tag{2.17}$$

Die Wärmeströme im Zuge einzelner Prozessschritte werden nachfolgend diskutiert:

Wärmeströme zwischen Formteil und Werkzeug in der Füllphase
Sobald die heiße Kunststoffschmelze in die Kavität einströmt und mit dessen Oberfläche in Kontrakt tritt, kühlt diese ab. Gleichzeitig treten Schereffekte auf, welche zur Erwärmung der Schmelze führen. In CADMOULD® wird die Annahme getroffen, dass sich beide Wärmeströme ausgleichen und werden daher nicht berücksichtigt [73].

Wärmeströme zwischen Formteil und Werkzeug während der Nachdruck- und Restkühlphase
In der Kühlphase, bestehend aus der Nachdruck- und Restkühlphase, tritt eine Kaskade an Wärmeströmen auf. Zunächst wird die Wärme aus dem Kernbereich des Polymers in Richtung der Randzonen abgeleitet. Anschließend erfolgt die Wärmeleitung über die Kavitätsoberfläche in Richtung des Temperiersystems. Dieses leitet die Wärme über das Temperiermedium aus dem Werkzeug hinaus. Zur Berechnung der genannten Wärmeströme ist es notwendig, CADMOULD® die thermischen Kennwerte der beteiligten Materialien bereit zu stellen. Weiterhin müssen die Durchflussmengen des Kühlmediums angegeben werden, um den Wärmetransport möglichst adäquat zu berechnen [73].

Wärmeströme während der Prozessnebenzeiten
Für eine vollständige Berücksichtigung des Prozesses müssen die Zeiten in der das Werkzeug zur Entformung geöffnet ist, bzw. sich vor dem Einspritzen schließt, mit berücksichtigt werden. Auch zu diesen Zeitfenstern wird die Wärme aus dem Werkzeug in das Temperiersystem abgeführt. Weiterhin erfolgt eine direkte Wärmeabfuhr der Kavitätsoberfläche an die Umgebung, sobald das Formteil entformt ist und das Werkzeug noch geöffnet ist. Die Berücksichtigung der hierbei auftretenden Wärmeströme erfordert die Angabe entsprechender Prozesszeiten [73].

Für die Beschreibung des Wärmeübertragung ist es notwendig, den Wärmeübergangskoeffizienten (engl. Heat-Transfer-Coefficient, kurz HTC) zwischen Polymer und Werkzeugoberfläche zu definieren. Dieser hängt von einer Vielzahl an Faktoren ab. Hierzu zählen die beteiligen Materialien, die Temperatur, sowie die effektive Kontaktfläche [90]. Dies zeigt, dass eine pauschale Angabe kaum möglich ist. In [91] sind Literaturwerte für den Wärmeübergangskoeffizienten im Bereich von 500 - 25.000 $\frac{W}{m^2 K}$ aufgeführt. CADMOULD®, sowie andere Simulationsprogramme erlauben die Angabe des Wärmeübergangskoeffizienten für jeden Prozessschritt des Spritzgießprozesses. Tabelle 2.1 zeigt die Standardparameter ausgewählter Programme.

Tabelle 2.1 Standardwerte der Wärmeübergangskoeffizienten in gängigen Simulationsprogrammen

Software	Wärmeübergangskoeffizient $[\frac{W}{m^2 K}]$		
	Füllung	Nachdruck	Restkühlphase
CADMOULD®	2500	1000	1000
Moldflow® [92]	5000	2500	1250
Moldex3D® [92]	5000	25000	2500
SOLIDWORKS® Platics [92]	2500	25000	25000

Es zeigt sich, dass die Programme sehr unterschiedliche Standardwerte vorgeben, was vermutlich auf die o.g. Schwierigkeiten bei der Definition dieser zurückzuführen ist.

Zuweisung der lokalen Werkzeugwandtemperatur
Für die Zuweisung der resultierenden, lokalen Werkzeugwandtemperatur wird in CADMOULD® eine Vereinfachung getroffen. Anstelle des zeitlichen Verlaufs an jeder Position, wird ein gemittelter Wert für die einzelnen Prozessabschnitte ermittelt und der Position zugeordnet. Dies wird dadurch begründet, dass die detaillierte Berücksichtigung zu umfangreich wäre und sehr lange Berechnungsdauern zur Folge hätte [73].

2.3.1.3 Postprocessing

Im abschließenden Schritt, dem Postprocessing, erfolgt die Darstellung und Interpretation der generierten Ergebnisse. Hierbei können diese grafisch dargestellt, oder in Form von Diagrammen ausgegeben werden. Hierbei stehen für jeden Prozessschritt eine Vielzahl an Ergebnisse zur Verfügung. Hierbei gilt es, die für die Anwendung relevanten Ergebnisse zu identifizieren und korrekt zu interpretieren.

2.3.2 Materialparameter

Die in Kapitel 2.3.1.1 aufgeführten Materialparameter werden in diesem Abschnitt beschriebenen.

2.3.2.1 Viskosität

Die Viskosität η beschreibt die Zähflüssigkeit eines Mediums. Bei Kunststoffen hängt sie von der Schergeschwindigkeit und der Temperatur ab. Je höher die Viskosität der Kunststoffschmelze im Spritzgießprozess ist, desto höher ist der Fließwiderstand und folglich auch der notwendige Fülldruckbedarf während der Füllphase. Höhere Temperaturen und Scherraten führen zu einer niedrigeren Viskosität. Während des Einspritzvorgangs können Scherraten von bis zu 10.000 s^{-1} auftreten [93, 94]. Ebenso wirken sich Füllstoffe, wie Glasfasern auf die Viskosität von Kunststoffschmelzen aus. Je höher der Füllgrad, desto höher die Viskosität [95].

In CADMOULD$^{®}$ wird die Viskosität η mithilfe des Carreau-WLF-Ansatzes

$$\eta = \frac{P_1 \cdot a_T}{(1 + \dot{\gamma} \cdot P_2 \cdot a_T)^{P_3}} \tag{2.18}$$

beschrieben [73, 82]. Hierbei beschreibt $P1$ die Nullviskosität, $P2$ die reziproke Übergangsschergeschwindigkeit, $P3$ Steigung der Fließkurve im strukturviskosen Bereich, $\dot{\gamma}$ die Schergeschwindigkeit und a_T den Temperaturverschiebungsfaktor. Der Temperaturverschiebungsfaktor a_T kann hierbei mit der Gleichung von WILLIAMS, LANDEL und FERRY (WLF-Ansatz)

$$log_{10}(a_T) = \frac{8,86(T_0 - T_s)}{101,6 + (T_0 - T_s)} - \frac{8,86(T - T_s)}{101,6 + (T - T_s)} \tag{2.19}$$

berechnet werden [43, 73]. Mit der aktuellen Temperatur T und der Bezugstemperatur T_0. Die Standardtemperatur T_s ist ein materialabhängiger Kennwert und kann aus der Glasübergangstemperatur T_g nach

$$T_s = T_g + 50°C \tag{2.20}$$

berechnet werden [43, 82]. Abbildung 2.19 zeigt die Viskositätsverläufe des in dieser Arbeit eingesetzten PBT und PBT-GF30 Materials.

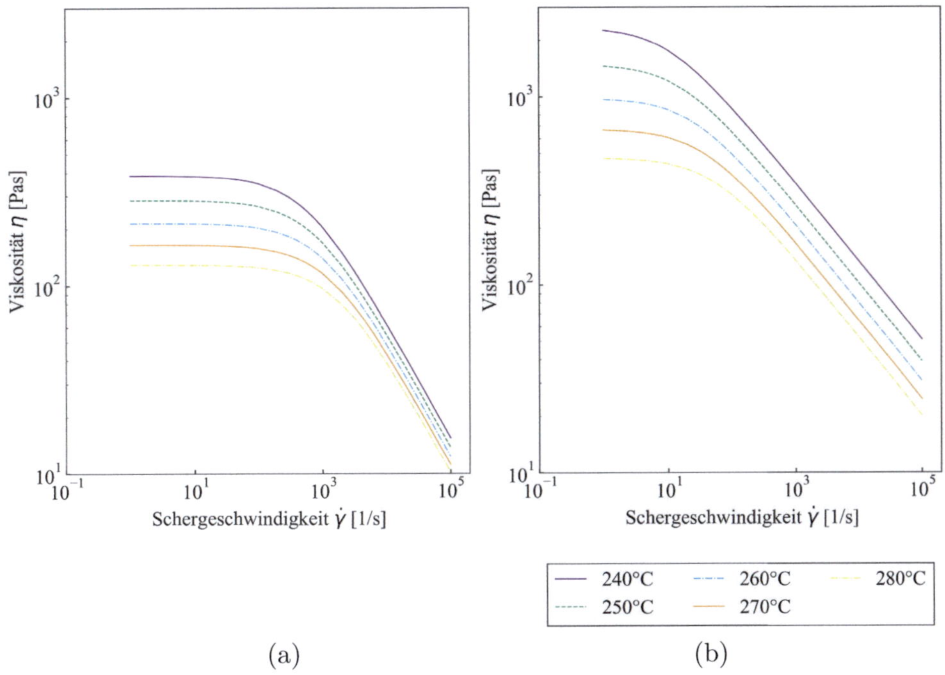

Abbildung 2.19   Viskosität. (a): PBT; (b): PBT-GF30 (Materialdaten aus [72])

Bei dem unverstärkten PBT (Abbildung 2.19 (a)) zeigt sich ein ausgeprägtes newtonsches Plateau bei Schergeschwindigkeiten unterhalb von 10^2 1/s. In diesem Bereich bleibt die Viskosität mit abnehmender Schergeschwindigkeit konstant. Weiterhin kann eine abnehmende Temperaturabhängigkeit mit zunehmender Schergeschwindigkeit gesehen werden. Das PBT-GF30 zeigt ein anderes Verhalten (siehe Abbildung 2.19 (b)). Die Glasfasern führen zu einem ausgeprägten strukturviskosen Verhalten. Erst bei sehr geringen Schergeschwindigkeiten zeichnet sich ein newtonsches Fließverhalten ab. Weiterhin ist die Viskosität allgemein höher als beim unverstärkten PBT . Die beschriebenen Effekte decken sich mit der Literatur [43, 96–98].

2.3.2.2 Wärmeleitfähigkeit

Die Wärmeleitfähigkeit k, kurz WLF, beschreibt das temperaturabhängige Potential thermische Energie mittels Wärmeleitung durch ein Medium zu führen. Bei glasfaserverstärkten Kunststoffen hat die Faserorientierung einen maßgeblichen Einfluss auf die effektive Wärmeleitung, da die Wärmeleitfähigkeit der Glasfasern deutlich höher ist, als die des Polymers [34]. In Abbildung 2.20 ist ein Vergleich des in dieser Arbeit eingesetzten Polystyrol (PS) und Polybutylenterephthalat (PBT) Materials dargestellt.

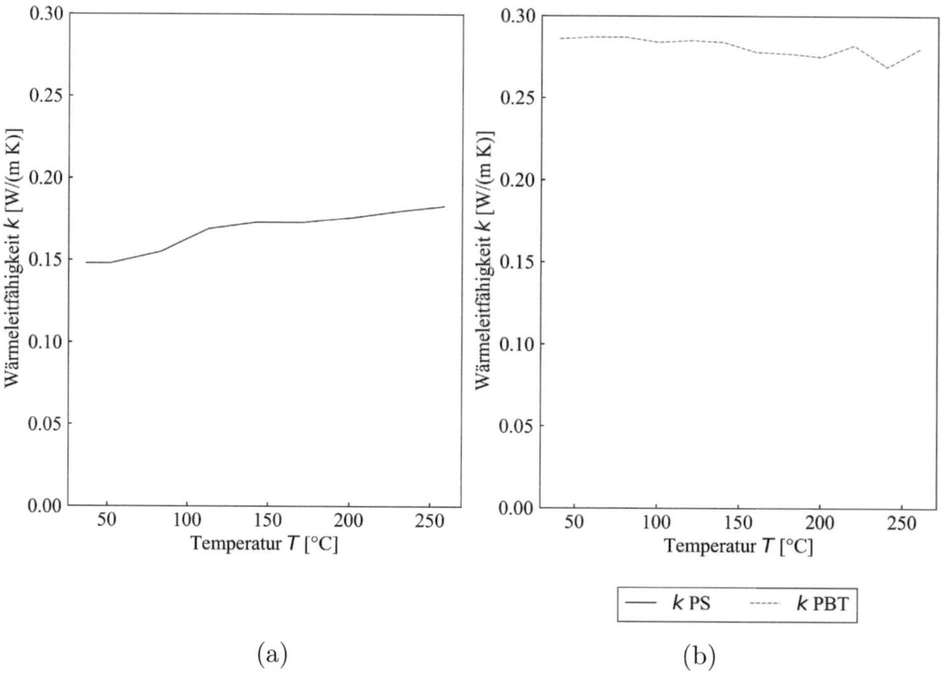

(a)   (b)

Abbildung 2.20   Wärmeleitfähigkeit. (a): PS; (b): PBT (Materialdaten des PS aus [72])

Bei dem amorphen PS ist eine Zunahme der Wärmeleitfähigkeit mit steigender Temperatur erkennbar. Dies ist auf die zunehmende Beweglichkeit der Molekülketten zurückzuführen [99, 100]. Bei dem teilkristallinen Kunststoff zeigt sich ein umgekehrter Trend. Die Wärmeleitfähigkeit nimmt geringfügig ab. Da die geordneten kristallinen Strukturen eine bessere Übertragung ermöglichen, nimmt die Wärmeleitfähigkeit ab, sobald diese mit steigender Temperatur beginnen zu schmelzen [99, 100].

2.3.2.3 Spezifische Wärmekapazität

Die spezifische Wärmekapazität C_p beschreibt die notwendige Energie um 1 Gramm eines Materials um 1 °C zu erhöhen [101]. Je niedriger die spezifische Wärmekapazität eines Materials ist, desto weniger Energie, beispielsweise durch Schereffekte im Spritzgießprozess ist notwendig, um dessen Temperatur zu erhöhen [102]. Der Verlauf der spezifischen Wärmekapazität unterscheidet sich deutlich zwischen amorphen und teilkristallinen Kunststoffen. In Abbildung 2.21 ist ein Vergleich des PS und PBT Materials dargestellt.

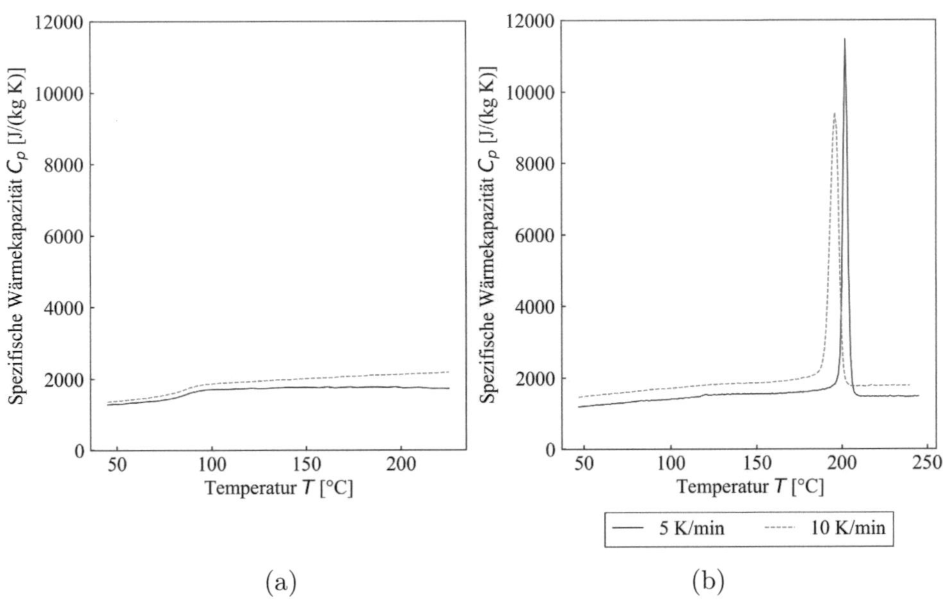

Abbildung 2.21   Spezifische Wärmekapazität. (a): PS; (b): PBT

Während die Kurve des amorphen Materials beim Abkühlen stets abfällt, ist bei dem teilkristallinen Material ein Peak im Bereich von etwa 200 °C zu sehen. Dieser ist auf die Kristallisation des Materials zurückzuführen [28, 34]. Der Temperaturbereich des Peaks hängt von der Abkühlrate ab. Je schneller der Thermoplast abgekühlt wird, desto weiter in Richtung niedriger Temperaturen verschiebt sich dieser. Bei dem amorphen Material ist außerdem im Bereich von etwa 75-100 °C eine Steigungsänderung zu sehen. Diese zeigt den Glasübergang des Materials auf.

2.3.2.4 Temperaturleitfähigkeit

Die Temperaturleitfähigkeit a ist ein Maß für die Geschwindigkeit der Wärmeübertragung durch ein Material [103]. Dieser Wert wird in CADMOULD® für das Lösen von Wärmetransportgleichungen benötigt [73], jedoch nicht unmittelbar vom Anwender eingegeben. Aus diesem Grund ist diese nicht in der Auflistung zu Beginn dieses Kapitels aufgeführt. Die Temperaturleitfähigkeit a wird aus der bereits bekannten Wärmeleitfähigkeit k, der spezifischen Wärmekapazität C_p und der Dichte ρ nach

$$a = \frac{k}{C_p \cdot \rho} \tag{2.21}$$

berechnet.

2.3.2.5 Fließgrenz- und Entformungstemperatur

Die Fließgrenztemepratur T_t beschreibt keine physikalische Materialeigenschaft. Bei diesem Wert handelt es sich um einen, für die Simulation notwendigen Parameter [104]. Sie wird von der Spritzgießsimulation genutzt, um zwischen fließfähiger Kunststoffschmelze und erstarrten Bereichen zu unterscheiden [73, 104]. Die Entformungstemperatur T_e definiert die mittlere Temperatur bei der das Formteil ausgeworfen werden kann [73]. Da sich aus der Entformungstemperatur auch die notwendige Kühlzeit ergibt, handelt es sich hierbei um einen Wert, der sich auf die Effizienz des Spritzgießprozesses auswirkt. Abhängig von geforderten Qualitätskriterien variiert die Entformungstemperatur. Bei teilkristallinen Kunststoffen können die Fließgrenz- und Entformungstemperaturen aus der C_p-Messung ermittelt werden, sofern diese temperaturabhängig gemessen wurde [105]. In Abbildung 2.22 sind die C_p-Datenbankwerte des PBT-GF30 Materials aufgetragen und an diesen exemplarisch die Ermittlung von T_t und T_e dargestellt.

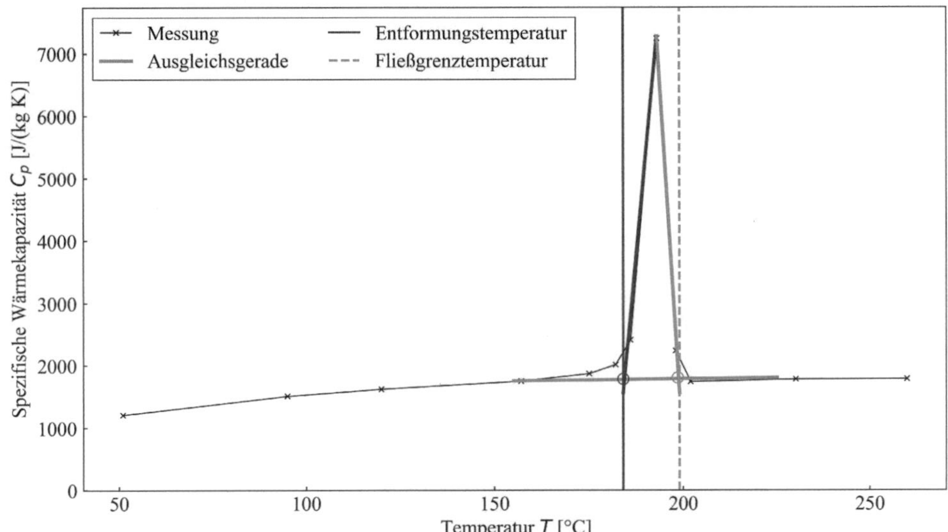

Abbildung 2.22 Ermittlung der Fließgrenz- und Entformungstemperaturen am Beispiel des PBT-GF30 Materials (Materialdaten aus [72])

Zunächst wird eine Ausgleichsgerade durch die Messung im Bereich des Enthalpie-Peaks gelegt. Anschließend werden Tangenten an den beiden Flanken des Peaks angelegt. Am Schnittpunkt der jeweiligen Tangente mit der Ausgleichsgerade wird an der X-Achse die Temperatur abgelesen. Die linke Tangente wird hierbei zur Ermittlung der Entformungs- und die rechte Tangente für die Fließgrenztemperatur genutzt. In diesem Beispiel ergibt sich ein Wert von 184 °C für die Entformungs- und 199 °C für die Fließgrenztemperatur.

Bei amorphen Kunststoffen liegt die Fließgrenztemperatur oberhalb der Glasübergangstemperatur T_g im Bereich von 20-70 °C [106]. Eine feste Definition für F_g gibt es nicht, Anhaltswerte sind in der Literatur mit T_g+30 °C [106, 107], bzw. T_g+20 °C [73] genannt.

2.3.2.6 Spezifisches Volumen

Das in Kapitel 2.2.3.1 beschriebene pvT-Diagramm findet auch in der Spritzgieß-simulation Anwendung, um das kompressible und temperaturabhängige Material-verhalten des Kunststoffes während des Spritzgießprozesses zu beschreiben. Der Volumenausdehnungskoeffizient α_V kann nach

$$\alpha_V = \frac{1}{v} \cdot \left(\frac{\partial v}{\partial T}\right)_{(p=konst.)} \qquad (2.22)$$

aus den pvT-Daten berechnet werden [42]. Hierbei beschreibt α_V den Volumenaus-dehnungskoeffizienten, v das spezifischen Volumen, ∂v und ∂T die partiellen Ab-leitungen des Volumens und der Temperatur. Unter Annahme der Isotropie kann aus dem Volumenausdehnungskoeffizienten α_V der Wärmeausdehnungskoeffizient α nach

$$\alpha = \frac{\alpha_V}{3} \qquad (2.23)$$

berechnet werden. Die Kompressibilität K ergibt sich nach

$$K = \frac{1}{v} \cdot \left(\frac{\partial v}{\partial p}\right)_{(T=konst.)} \qquad (2.24)$$

aus den pvT-Daten [42]. In Abbildung 2.23 und Abbildung 2.24 sind exempla-risch die aus dem pvT-Diagramm berechneten Werte für die Kompressibilität und den Wärmeausdehnungskoeffizienten des amorphen und teilkristallinen Kunststoffs dargestellt. Ergänzend hierzu sind die Datenbank, bzw. Datenblattwerte des Wär-meausdehnungskoeffizienten abgebildet [72, 108]. Für das amorphe PS ist kein Er-mittlungsverfahren, sowie Gültigkeitsbereich definiert, daher ist dieser hier über den gesamten Temperaturbereich der pvT-Daten dargestellt. Anders als beim teil-kristallinen PBT, hier ist dieser von 23-55 °C angegeben. Für den Vergleich sind die Y-Achsen des Wärmeausdehnungskoeffizienten und der Kompressibilität bei beiden Materialien identisch. Bei dem PS zeigt sich beim Wärmeausdehnungskoeffizienten eine vergleichsweise geringe Temperaturabhängigkeit. Anders als beim PBT, bei dem eine deutliche Zunahme des Koeffizienten im Phasenübergang erkennbar ist. Bei der Kompressibilität zeigt sich großteils ein qualitativ ähnlicher Verlauf beider Materialien. Mit Ausnahme im Bereich des Phasenübergangs beim PBT.

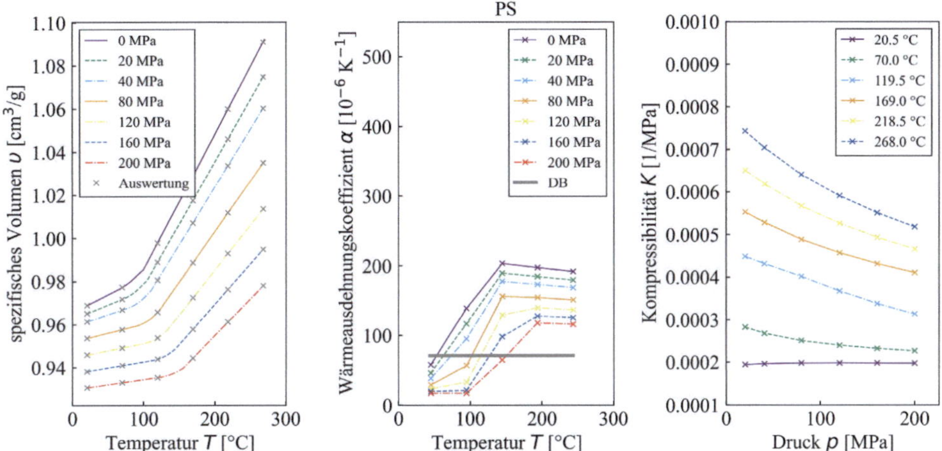

Abbildung 2.23   Ermittlung des Wärmeausdehnungskoeffizienten, sowie der Kompressibilität aus den pvT-Daten des PS Materials. (Materialdaten aus [72])

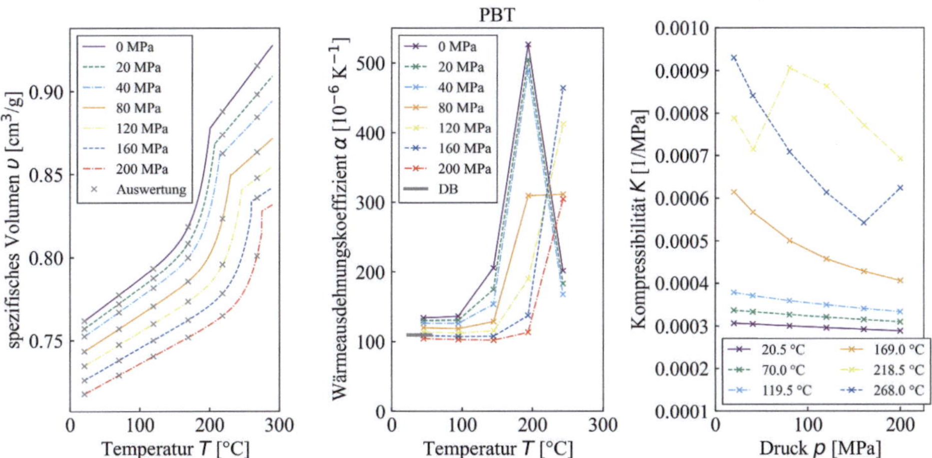

Abbildung 2.24   Ermittlung des Wärmeausdehnungskoeffizienten, sowie der Kompressibilität aus den pvT-Daten des PBT Materials. (Materialdaten aus [72, 108])

In CADMOULD® werden die pvT-Daten mithilfe des 7-Koeffizienten-Ansatzes beschrieben [73]. Dieser besteht aus drei Gleichungen. Den zwei Gleichungen

$$\nu = \frac{KF1}{KF4+p} + (\frac{KF2}{KF3+p}) \cdot T + KF5 \cdot e^{(KF6 \cdot T - KF7 \cdot p)} \tag{2.25}$$

und

$$\nu = \frac{KS1}{KS4+p} + (\frac{KS2}{KS3+p}) \cdot T, \tag{2.26}$$

für den Feststoff-, sowie Schmelzebereich und Gleichung

$$T_t = PK1 + (PK2 \cdot p) \tag{2.27}$$

für den Übergang zwischen Schmelze und Feststoff. Für teilkristalline Kunststoffe sind alle Parameter besetzt. Bei amorphen Kunststoffen werden $KF5$, $KF6$ und $KF7$ auf null gesetzt, wodurch der exponentielle Teil aus Gleichung (2.25) entfällt. In Abbildung 2.25 sind die Verläufe der pvT-Diagramme für das PS und PBT gezeigt.

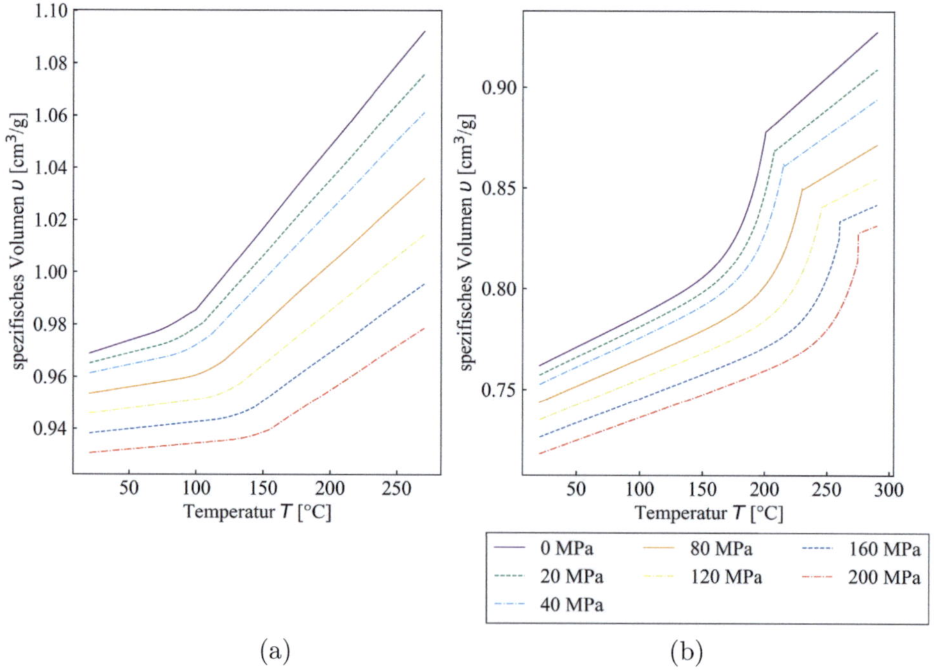

Abbildung 2.25 pvT-Diagramm. (a): PS; (b): PBT (Materialdaten aus [72])

Beim PS ist der Phasenübergang durch eine abrupte Änderung der Kurvensteigung zu sehen. Beim PBT zeigt sich ein ausgeprägter nichtlinearer Phasenübergang aufgrund der Kristallisationsprozesse. Der Verlauf des spezifischen Volumens hängt hierbei von der Kühlrate ab (siehe Abbildung 2.26) [109].

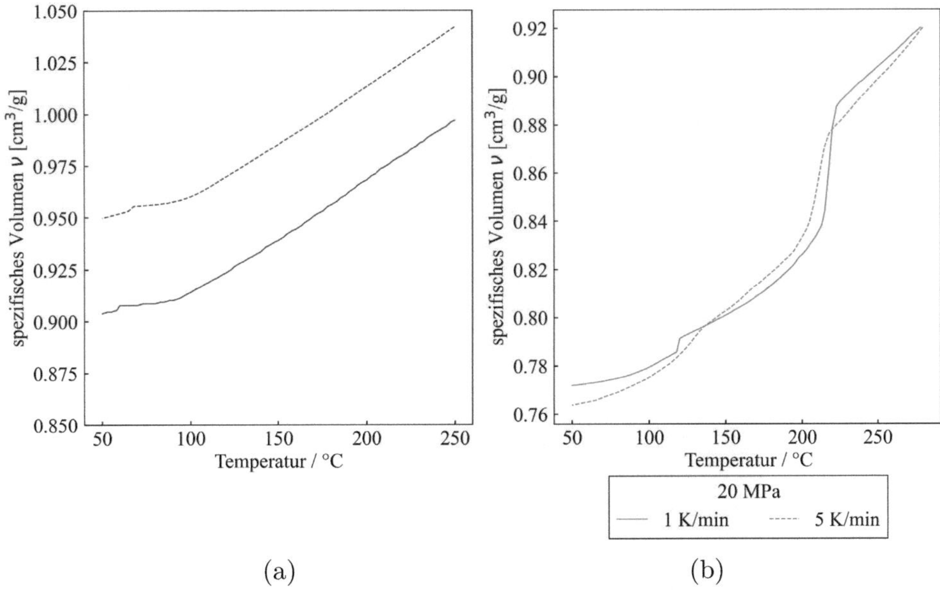

(a)   (b)

Abbildung 2.26   pvT-Diagramm in Abhängigkeit der Kühlrate, bei 20 MPa. (a): PS; (b): PBT

Es ist erkennbar, dass beim PS der Kurvenverlauf beider Kühlraten annähernd identisch ist und diese lediglich vertikal zueinander verschoben sind. Beim PBT ist solch ein eindeutiger Trend nicht zu sehen. Es zeigt sich jedoch, dass der Übergangsbereich bei der 1 K/min-Messung steiler ist. Bei der 5 K/min-Messung erstreckt sich der Phasenübergang über einen größeren Temperaturbereich.

2.3.2.7 Elastizitätsmodul

Der Elastizitätsmodul E ist ein Maß für die Steifigkeit des Kunststoffes. Wie auch andere Materialdaten ist dieser stark temperatur- und materialabhängig [110]. Wie in Kapitel 2.1 beschrieben, liegen die typischen Anwendungstemperaturen amorpher Thermoplaste unterhalb der Glasübergangstemperatur T_g. Bei solchen Materialien nimmt der Elastizitätsmodul mit Erreichen der Glasübergangstemperatur T_g stark ab.

Bei teilkristallinen Werkstoffen ist auch ein Abfall der Steifigkeit oberhalb des T_g der amorphen Phasen erkennbar, jedoch besitzen die kristallinen Strukturen weiterhin versteifende Eigenschaften, bis diese mit weiter steigender Temperatur aufschmelzen [110].

Kurzglasfasern haben einen deutlichen Einfluss auf den Elastizitätsmodul. In Richtung der Glasfasern nimmt dieser aufgrund der hohen Steifigkeit deutlich zu, während er sich quer hierzu im Bereich des Matrixwertes bewegt. Aus diesem Grund ist dieser bei verstärkten Materialien längs $E_{\parallel}$ und quer $E_{\perp}$ im Materialmodell anzugeben. In CADMOULD® kann der Elastizitätsmodul entweder skalar, tabellarisch oder über die Polynomparameter des Polynoms

$$E(T) = E0 + E1 \cdot T + E2 \cdot T^2 + E3 \cdot T^3 \tag{2.28}$$

angegeben werden. Abbildung 2.27 zeigt den temperaturabhängigen Verlauf der Elastizitätsmoduln vom PS, PBT und PBT-GF30.

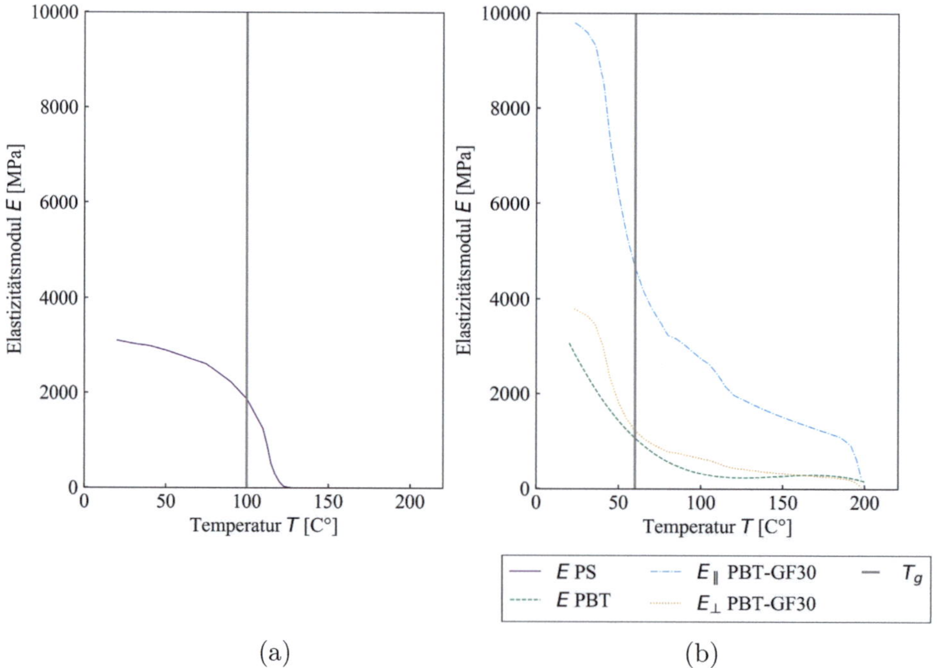

Abbildung 2.27 Temperaturabhängiger Elastizitätsmodul. (a): PS; (b): PBT, PBT-GF30 (Materialdaten aus [72])

Die Verläufe der Elastizitätsmoduln zeigen deutliche Unterschiede: Zum Einen ist ein deutlicher Abfall der Steifigkeit oberhalb von T_g beim PS zu erkennen. Dieser liegt etwa bei 90-100 °C, abhängig von der genauen Materialtype [29]. Bei den PBT und PBT-GF30 Materialien zeigt sich auch oberhalb vom T_g, welcher im Bereich von 60 °C liegt [29], ein Abfall. Jedoch ist dieser nicht so abrupt wie beim PS. Außerdem ist der Einfluss der Glasfasern sehr deutlich erkennbar: $E_\perp$ des PBT-GF30 entspricht annähernd E des PBT Materials. In Faserrichtung hingegen, ist eine deutlich höhere Steifigkeit zu sehen.

2.3.2.8 Querkontraktionszahl

Die Querkontraktionszahl ν, auch Querdehnungs- oder Poissonzahl genannt, beschreibt das Verhältnis einer Quer- ε_q zur Längsdehnung ε_l:

$$\nu = -\frac{\varepsilon_q}{\varepsilon_l}. \tag{2.29}$$

Die Längsdehnung ε_l ist hierbei die Dehnung in Belastungsrichtung und die Querdehnung ε_q die Dehnung senkrecht hierzu. In [111] sind Literaturwerte einiger Kunststoffe zusammengefasst. Diese bewegen sich in einem Bereich von etwa 0,3 - 0,45. Bei einem Wert von $\nu = 0,5$ würde ein inkompressibles Materialverhalten vorliegen. Bei Kunststoffen kann die Querkontraktionszahl als konstant angenommen werden, sofern nur geringe Dehnungen vorliegen [112]. Bei großen, nichtlinearen Deformationen kann die Querkontraktionszahl als Verhältnis der inkrementellen Querzur Längsdehnung beschrieben werden [113, 114]. Wie auch der Elastizitätsmodul ist die Querkontraktionszahl bei faserverstärkten Kunststoffen richtungsabhängig, weshalb bei entsprechenden Materialien die Querkontraktionszahlen längs $\nu_\parallel$ und quer $\nu_\perp$ anzugeben sind. In [112] sind Werte für ν im Bereich von 0,18 – 0,26 für Glasfasern gegeben. Zudem ist die Querkontraktionszahl temperaturabhängig. In CADMOULD® kann sie skalar, tabellarisch oder über die Polynomparameter des Polynoms

$$N(T) = N0 + N1 \cdot T + N2 \cdot T^2 + N3 \cdot T^3 \tag{2.30}$$

beschrieben werden.

2.3.2.9 Wärmeausdehnungskoeffizient

Der Wärmeausdehnungskoeffizient α ist ein Maß für die Längenänderung ΔL bei einer Temperaturänderung ΔT und kann mit der Bezugslänge L_0 nach

$$\alpha = \frac{1}{L_0} \cdot \frac{\Delta L}{\Delta T} \tag{2.31}$$

berechnet werden. Wie in Kapitel 2.3.2.6 dargestellt, ist dieser Wert in den pvT-Daten enthalten. In CADMOULD$^{®}$ ist daher die Eingabe des Wärmeübergangs-koeffizienten für unverstärkte Materialien nicht erforderlich. Bei faserverstärkten Kunststoffen ist der Wärmeausdehnungskoeffizient richtungsabhängig, weshalb für die Simulation die Koeffizienten längs- $\alpha_{\parallel}$ und quer $\alpha_{\perp}$ zur Faserrichtung bekannt sein müssen. In CADMOULD$^{®}$ muss jedoch lediglich $\alpha_{\parallel}$ angegeben werden, $\alpha_{\perp}$ wird aus den pvT-Daten berechnet. Wie auch die zuvor genannten mechanischen Eigenschaften ist dieser Kennwert bei Thermoplasten temperaturabhängig. Zudem ist das Verhalten bei amorphen- und teilkristallinen Materialien unterschiedlich [115, 116]: Bei amorphen Polymeren verhält sich der Wärmeausdehnungskoeffizient ober- und unterhalb des Glasübergangs linear. Bei teilkristallinen Polymeren wird der Verlauf oberhalb des Glasübergangs maßgeblich vom Kristallisationsgrad beeinflusst.

2.4 Stand der Forschung im Bereich der Spritzgießsimulation

In der Literatur sind zur Thematik der Spritzgießsimulation bereits unterschiedlichste Untersuchungen zu finden. In [7] werden in der Spritzgießsimulationssoftware CADMOULD® unterschiedliche Prozesseinstellungen und deren Einfluss auf die Schwindungs- und Verzugssimulation untersucht. Hierbei können mitunter gleiche Einflussgrößen identifiziert werden, wie sie in [12] experimentell ermittelt werden. In [117] werden Variationen der Prozessparameter in der Simulation, als auch im Experiment dargestellt. Hier zeigen sich qualitativ gute Übereinstimmungen, wobei nicht alle Einflüsse korrekt berechnet werden konnten. In [6] wird die Spritzgießsimulation genutzt, um den Einfluss unterschiedlicher Kühlparameter auf Schwindung und Verzug zu untersuchen.

In [23] werden Variationen von Materialparametern an einem kurzglasfaserverstärkten Polypropylen untersucht. Ziel der Untersuchungen ist die Bewertung des Einflusses von Abweichungen, hervorgerufen durch Mess- oder Approximationsfehler, auf die Bauteilschwindung. Das Ergebnis dieser Untersuchungen ist, dass die richtungsabhängigen mechanischen Eigenschaften und der Wärmeausdehnungskoeffizient sich am deutlichsten auswirken. In [118] wird der Einfluss der Approximationsparameter der Viskosität, sowie des spezifischen Volumens in Moldex3D® untersucht und der Einfluss auf den Bauteilverzug dargestellt. Hierbei zeigen sich deutliche Einflüsse.

In [92] wird der Einfluss der Wärmeübergangskoeffizienten in der Spritzgießsimulation untersucht, wobei deutliche Einflüsse auf die Berechnung der Kühlzeit und der Druckverteilung identifiziert werden. Der Einfluss der Fließgrenztemperatur ist in [24] für unterschiedliche Simulationsprogramme dargestellt und der Einfluss auf die Berechnung der eingefrorenen Randschichten diskutiert.

In [25] werden mithilfe eines Pirouette-Dilatometers pvT-Daten (pressure-volume-Temperatur) bei sehr hohen Kühlraten von bis zu 100 K/s gemessen. Die ermittelten Daten werden den Ergebnissen existierender Daten, welche bei niedrigeren Kühlraten ermittelt wurden, gegenübergestellt und deutliche Unterschiede aufgezeigt. Weiterhin werden diese Materialdaten in die Spritzgießsimulation überführt und ein signifikanter Einfluss auf die simulierte Bauteilschwindung dargestellt. Der Einfluss der Abkühlraten bei der Ermittlung der Fließgrenztemperatur mittels DSC-Messung (Dynamische Differenzkalorimetrie) wird in [26] untersucht. Die Autoren zeigen auf, dass die Wahl der Abkühlrate nur einen geringen Einfluss bei der Ermittlung der Fließgrenztemperatur beim amorphen-, jedoch einen sehr deutlichen Einfluss bei teilkristallinen Thermoplasten hat. Die ermittelten Stoffwerte werden außerdem für 2,5D- und 3D-Simulationen genutzt, und in Experimenten gegenübergestellt.

Während ein deutlicher Einfluss bei der 3D-Simulation aufgezeigt wird, ist bei der 2,5D-Simulation nur ein geringer Einfluss zu erkennen. Weiterhin zeigt sich bei der 3D-Simulation allgemein eine bessere Abbildungsgüte. In [27] wird ein integrativer Ansatz zur Berechnung von Schwindung und Verzug beschrieben. Hierbei werden Ergebnisse der Spritzgießsimulation mithilfe einer proprietären Software in einen strukturmechanischen Solver übertragen und in diesem Schwindung und Verzug berechnet. Die Autoren zeigen, dass durch die Berücksichtigung von Effekten, wie temperaturabhängiger mechanischer Eigenschaften, welche im dort verwendeten Spritzgießsolver nicht abgebildet werden können, die Ergebnisse partiell verbessert werden.

Die dargestellten Untersuchungen zeigen die Potentiale der Spritzgießsimulation in der Auslegung thermoplastischer Spritzgießbauteile auf. Sie führen aber zugleich auch die Komplexität und Herausforderungen bei der Berücksichtigung und Implementierung des Materialverhaltens in der Simulation vor Augen. Hierbei sind bei bisherigen Forschungsarbeiten gezielt einzelne Simulations- und Materialparameter alleinstehend untersucht und deren Einfluss auf die Simulationsergebnisse bewertet worden. Eine Untersuchung, die alle potentiell relevanten Eingangsgrößen der Simulation in Hinblick auf deren Einfluss auf Schwindung und Verzug gemeinsam aufzeigt, ist nicht bekannt.

Dieser Forschungslücke nimmt sich diese Arbeit an. Hierzu werden Simulations- und Materialparameter, sowie der Annahmen in der Simulation hinsichtlich ihres Einflusses auf Schwindung und Verzug am praxisnahen Probekörper und unterschiedlichen Materialtypen untersucht und experimentellen Ergebnissen gegenübergestellt. Daraus soll sich ein erstmaliger, umfassender Einblick in die Relevanz der Materialparameter, sowie der Randbedingungen und Annahmen aktueller Spritzgießsimulationen am Beispiel von CADMOULD® ergeben.

3 Experimentelle Spritzgießuntersuchungen

Zur experimentellen Ermittlung von Schwindung und Verzug werden Probekörper im Spritzgießverfahren hergestellt. Dieses Kapitel beschreibt die Details der Probekörperherstellung, einschließlich der ausgewählten Materialien und des Formteils (siehe Kapitel 3.1). Anschließend wird die Methodik der Schwindungs- und Verzugsmessung (siehe Kapitel 3.3) beschrieben. Die Untersuchungen erfolgen an einer Spritzgießmaschine des Typs Demag 2 Multi 80/420-310h/200 V (siehe Abbildung 3.1). Zur Ermittlung lokaler Drücke und Temperaturen ist das Spritzgießwerkzeug mit einem kombinierten Druck- und Temperatursensor instrumentiert. Dieser ist mit einer CQC-Messwerterfassung verbunden.

Abbildung 3.1 Spritzgießmaschine Demag 2 Multi 80/420-310h/200 V mit CQC-Messwerterfassungssystem (Bild: Fraunhofer LBF)

In Abbildung 3.2 ist das geöffnete Spritzgießwerkzeug dargestellt. Außerdem sind die Sensorpositionen markiert. Die Positionen *AS Kern*, *AS Rahmen*, *DS Rahmen* kennzeichnen Temperatursensoren auf der Auswerfer- (AS) bzw. Düsenseite (DS). Diese werden verwendet, um die Werkzeugtemperatur präzise einzustellen. Mit *pT-Druck* und *pT-Temp* sind die Anschlussleitungen des pT-Sensors gekennzeichnet, welcher die lokalen Messdaten aufnimmt.

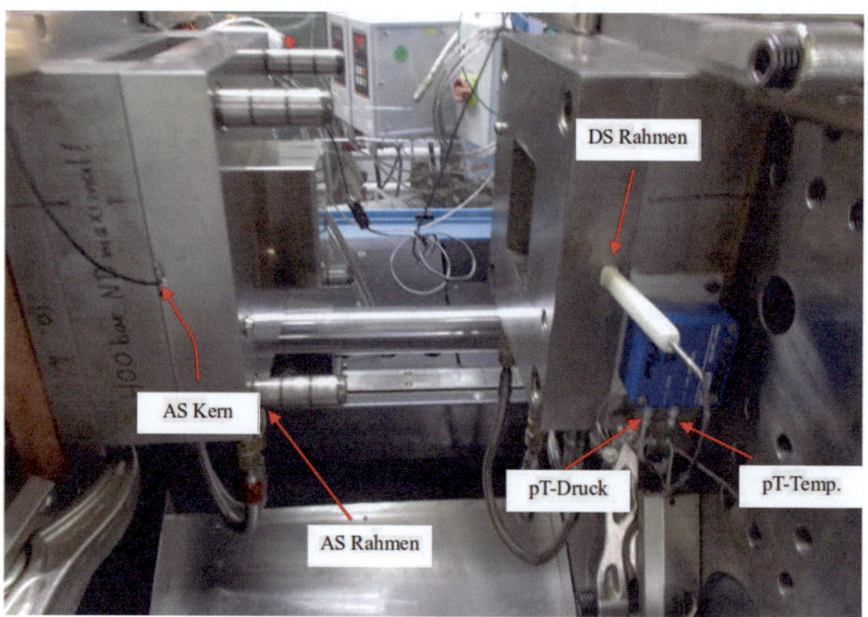

Abbildung 3.2　Übersicht Sensoren Kastenwerkzeug (Bild: Fraunhofer LBF)

3.1 Auswahl von Materialien und Probekörper

Für die experimentellen Untersuchungen von Schwindung und Verzug werden folgende Materialien gewählt:

- Polystyrene Crystal 1540, Total Chemicals (Polystyrol (PS), amorph),

- Pocan B1305, Lanxess Deutschland GmbH (Polybutylenterephthalat (PBT), teilkristallin)

- Pocan B3235, Lanxess Deutschlang GmbH (Polybutylenterephthalat (PBT-GF30), teilkristallin mit 30 Gew.-% Glasfasern)

Der Kastenprobekörper ist in Abbildung 3.3 dargestellt. In rot gekennzeichnet ist die Position des pT-Sensors, welcher zur Ermittlung des lokalen Druck- und Temperaturverlaufs genutzt wird.

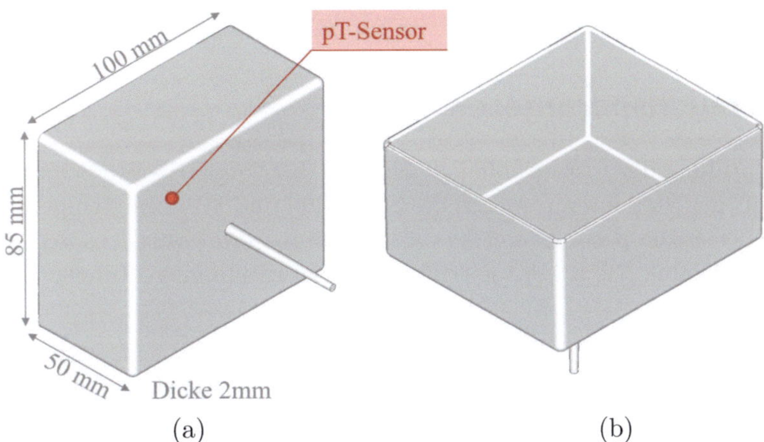

Abbildung 3.3   Bemaßtes CAD-Modell des Kastenformteils und Position des pT-Sensors. (a): Ansicht Düsenseite; (b) Ansicht Auswerferseite

Abbildung 3.4 zeigt exemplarisch ein spritzgegossenes Kastenformteil. An der geschlossenen Seite des Kasten (Abbildung 3.4 (a)) treten primär Schwindungseffekte auf. An der offenen Kastenseite (Abbildung 3.4 (b)) sind zudem deutliche Verzugseffekte, welche sich durch die Deformation der Flanken der Kastenwände äußern, erkennbar.

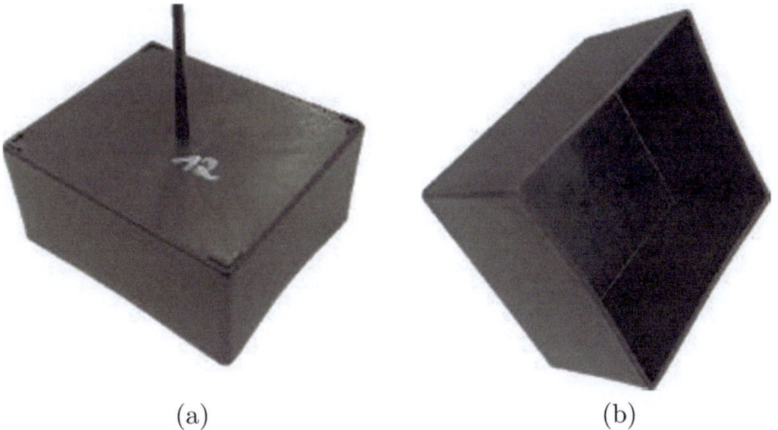

Abbildung 3.4   Kastenformteil. (a): Ansicht Düsenseite; (b) Ansicht Auswerferseite

Die Wahl dieses Probekörpers begründet sich wie folgt: Zum Einen ähnelt der Kasten typischen Kunststoffbauteilen, wie z.B. Gehäusekomponenten. Allerdings ohne komplexe Strukturen, welche die Ergebnisinterpretation erschweren. Zudem zeichnet sich das Formteil durch die zuvor genannten Bereiche mit unterschiedlich ausgeprägten Schwindungs- und Verzugseffekten aus.

3.2 Versuchsparameter

Zur Überprüfung der Prozessabhängigkeit und des Vergleichs von Schwindung und Verzug mit der Simulation, werden die Schmelze- und Werkzeugtemperatur innerhalb gegebener Temperaturbereiche variiert. Diese werden aus der CADMOULD®-Materialdatenbank [72] für das jeweilige Material entnommen. Tabelle 3.1 zeigt die Variationen auf.

Tabelle 3.1 Variationsschema der Prozesstemperaturen in den Spritzgießversuchen. + Maximalwert Datenblatt; - Minimalwert Datenblatt; **0** Mittelwert Datenblatt

Experiment	Schmelzetemperatur [°C]	Werkzeugtemperatur [°C]
1	-	-
2	+	-
3	-	+
4	+	+
5	0	0

In der Durchführung der Experimente zeigt sich, dass bei den Materialien PBT und PS einige Prozesseinstellungen zu unzureichend gefüllten Formteilen führen. Aus diesem Grund werden die Nachdruckhöhe in entsprechenden Experimenten angepasst. Tabelle 3.2 zeigt die finalen Einstellungen. Die beiden Werkzeughälften des Spritzgießwerkzeugs werden hierbei mit separaten Temperiergeräten gekühlt. Die Vorlauftemperatur wird so gewählt, dass die Werkzeugoberflächentemperatur der Zieltemperatur entspricht.

In der Tabelle sind die Werte für die düsen- und auswerferseitige Werkzeughälfte angegeben.

Tabelle 3.2 Variation der Prozesstemperaturen und Nachdruckhöhe in den Spritzgießversuchen

Experiment	Material	Schmelze-temperatur [°C]	Werkzeug-temperatur [°C] (DS | AS)	Nachdruck [bar]
K1	PBT-GF30	250	83 | 78	300
K2	PBT-GF30	270	83 | 78	300
K3	PBT-GF30	250	103 | 99	300
K4	PBT-GF30	270	103 | 99	300
K5	PBT-GF30	260	91 | 88	300
K6	PBT	250	81 | 78	300
K7	PBT	270	81 | 78	300
K8	PBT	250	103 | 99	250
K9	PBT	270	103 | 99	250
K10	PBT	260	91 | 88	300
K11	PS	180	28 | 28	200
K12	PS	250	27 | 27	180
K13	PS	180	50 | 49	300
K14	PS	250	49 | 48	250
K15	PS	215	38 | 39	180

Neben den genannten Variationen sind in Tabelle 3.3 weitere Prozessparameter aufgeführt, die in der Spritzgießsimulationen übernommen werden.

Tabelle 3.3   Konstante Prozessparameter der Spritzgießversuche

Material	Volumen-strom	Umschalt-punkt	Nachdruck-zeit	Restkühl-zeit
	$[\frac{cm^3}{s}]$	[%]	[s]	[s]
PBT-GF30	50	98	20	25
PBT	50	98	20	25
PS	40	98	20	25

Die beiden PBT Materialien werden gemäß der Herstellerangaben [108, 119] vor der Verarbeitung getrocknet.

3.3 Methodik zur Ermittlung von Schwindung und Verzug

Zur Ermittlung von Schwindung und Verzug werden die spritzgegossenen Proben 24 Stunden nach der Herstellung mithilfe eines digitalen Kamerasystems fotografiert. Anschließend erfolgt die Bildanalyse mit der Bildverarbeitungssoftware ImageJ an den in Abbildung 3.5 dargestellten Auswertungspositionen.

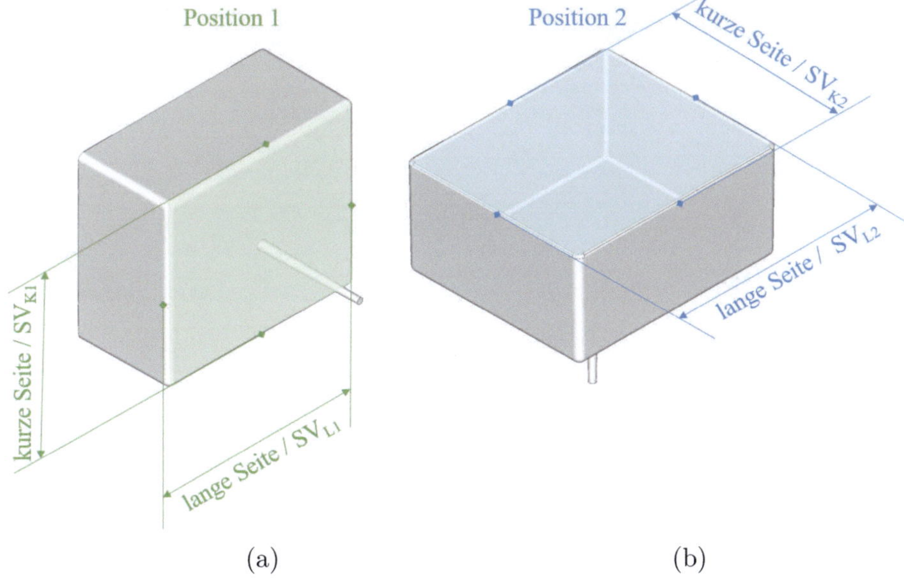

Abbildung 3.5　Auswertungspositionen Kasten. (a) Position 1 - Düsenseite; (b) Position 2 - Auswerferseite

Abbildung 3.6 zeigt eine Bildaufnahme und dessen Verarbeitung in ImageJ. Neben dem Probekörper, ist eine Skala zu sehen. Diese ist notwendig, um den Bildpixeln eine reelle Länge zuzuordnen.

Abbildung 3.6   Auswertung von Schwindung und Verzug mit ImageJ

Die Messergebnisse sind in Kapitel 3.3.1 dargestellt. Dort abgebildet sind die repräsentativen Mittelwerte $\overline{y}$, der jeweiligen Einzelmessungen y_i, jedes Experiments. Diese werden nach

$$\overline{y} = \frac{1}{n} \sum_{i=1}^{n} y_i \tag{3.1}$$

berechnet [120]. Die Fehlerbalken ergeben sich aus dem zweiseitigen Konfidenzintervall, dessen Ermittlungschritte auf [120] basieren. Mithilfe der vorliegenden Einzelmessungen, bzw. Stichproben n und dem nach Gleichung (3.1) ermittelten Mittelwert $\overline{y}$ erfolgt die Berechnung der Streuweite bzw. Standardabweichung X nach

$$X = \sqrt{\frac{1}{n-1} \cdot \sum_{i=1}^{n} (y_i - \overline{y})^2}. \tag{3.2}$$

Da der Mittelwert $\overline{y}$ dem Zufall unterliegt, bzw. sich dieser bei weiteren Stichproben verändern würde, muss im nächsten Schritt der Vertrauensbereich, auch Konfidenzintervall genannt, definiert werden. Hierzu ist zunächst das Vertrauensniveau festzulegen. Dieses gibt an, mit welcher Wahrscheinlichkeit der Mittelwert $\overline{y}$ im Konfidenzintervall liegt. Für die Untersuchungen wird eine Wahrscheinlichkeit von 95 % angenommen.

Bevor der sog. Student-Faktor, auch t-Faktor genannt, ermittelt werden kann, muss der Freiheitsgrad f aus der Anzahl n der Stichproben y_i nach

$$f = n - 1 \tag{3.3}$$

berechnet werden.
Die Berechnung des zweiseitige Konfidenzintervalls erfolgt nach

$$\bar{y} \pm \frac{t \cdot X}{\sqrt{n}}. \tag{3.4}$$

Wobei der notwendige t-Wert in [120] für unterschiedliche Vertrauensniveaus und Freiheitsgrade f gegeben ist.

3.3.1 Schwindungs- und Verzugsergebnisse

In Abbildung 3.7 sind die Schwindungs- und Verzugsergebnisse sämtlicher Versuche dargestellt. Die Ermittlung der dargestellten Mittelwerte ist in Kapitel 3.3 beschrieben. Die zwei oberen Graphen zeigen die Ergebnisse für Position 1 und die unteren Graphen die Ergebnisse für Position 2 (siehe Abbildung 3.5).

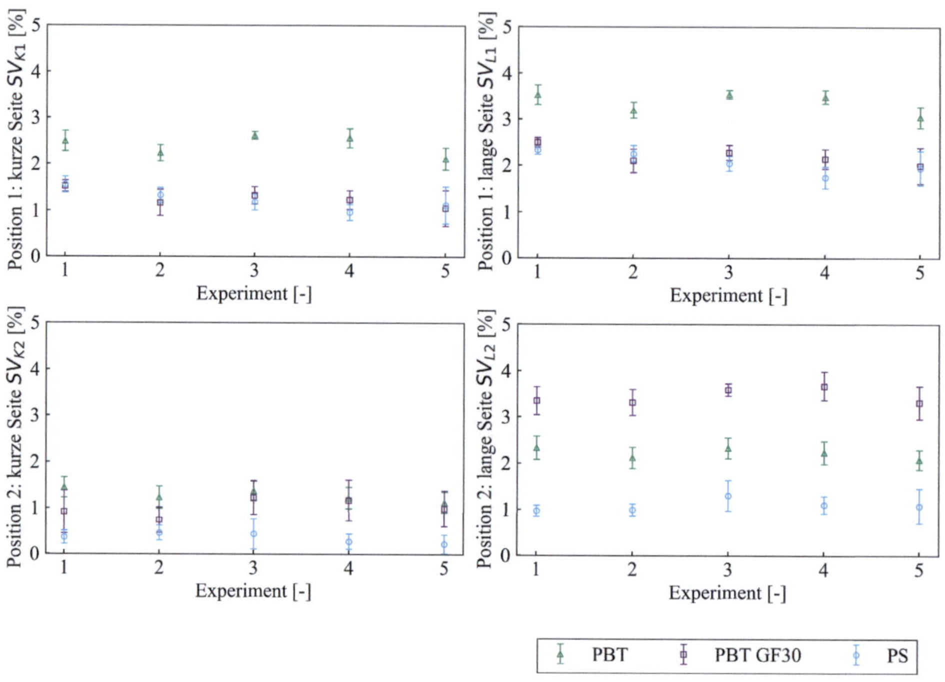

Abbildung 3.7 Übersicht der experimentell ermittelten Schwindungs- und Verzugsergebnisse

Allgemein zeigt sich bei allen Materialien, dass keine sehr ausgeprägte Abhängigkeit von Schwindung und Verzug innerhalb der gegebenen Temperaturfenster erkennbar ist. Die Ergebnisse variieren innerhalb der Fehlerbalken. Ebenso zeigt das PS Material grundsätzlich das geringste Schwindungs- und Verzugspotential. Dies deckt sich mit der Literatur [121, 122] und ist auf die Kristallisationsprozesse teilkristalliner Materialien zurückzuführen, bei denen sich das spezifische Volumen exponentiell verändert. An Position 1 zeigt das PBT Material deutlich größere Schwindungs- und Verzugsergebnisse als das PBT-GF30. Dies kann darauf zurück geführt werden, dass die in diese Richtung orientierten Fasern diese Effekte behindern (siehe Kapitel 3.5.1). In Position 2 zeigen sich für die beiden Materialien sehr ähnliche Ergebnisse an der kurzen Seite, welche zudem deutlich geringer sind als an der langen Seite. An dieser zeigt das PBT-GF30 ausgeprägtere Effekte.

3.4 Ergebnisse der lokalen Druck- und Temperaturverläufe

In Abbildung 3.8 sind die aufgenommenen Druck- und Temperaturverläufe dargestellt. Der Umschaltzeitpunkt zwischen den jeweiligen Prozessschritten ist über vertikale Linien qualitativ dargestellt. Eine exakte Abgrenzung ist nicht möglich, da die Messdatenaufnahme für jedes Experiment manuell gestartet wird. Es zeigt sich jedoch eine sehr gute Reproduzierbarkeit. Dargestellt sind die Ergebnisse der durchgeführten zehn Versuchswiederholungen für jedes Experiment.

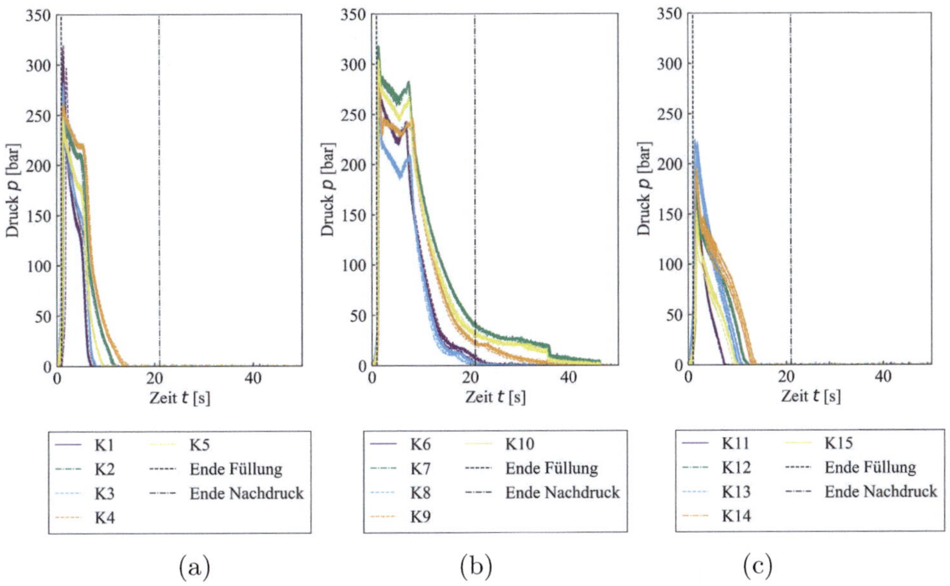

Abbildung 3.8 Ermittelte Druckverläufe für alle Materialien. (a): PBT-GF30; (b): PBT; (c): PS

Im Vergleich der Materialien zeigt das PBT einige Auffälligkeiten: Zur Diskussion ist die vorherige Abbildung erneut dargestellt und die zu diskutierenden Positionen mit P1, P2 und P3 gekennzeichnet (siehe Abbildung 3.9).

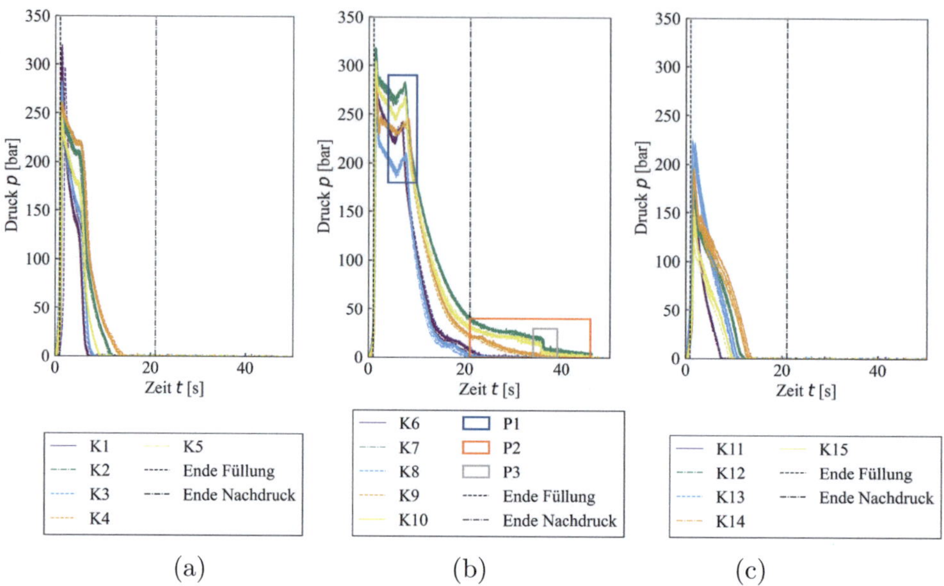

Abbildung 3.9 Ermittelte Druckverläufe für alle Materialien - Detail: PBT. (a): PBT-GF30; (b): PBT; (c): PS

P1 in Abbildung 3.9 (b) kennzeichnet einen erneuten Druckanstieg in der Nachdruckphase. Dieses Phänomen ist bei den anderen Materialien nicht erkennbar. Beim PBT-GF30 zeichnen sich, je nach Einstellung leichte Plateaus ab, jedoch kein erneuter Druckanstieg. Beim PS ist solch ein Effekt nicht erkennbar. Es ist anzunehmen, dass der Druckverlauf, aus der Einfriercharakteristik des Materials resultiert.

Eine weitere Auffälligkeit zeigt P2 in Abbildung 3.9 (b). Während beim PBT-GF30 und dem PS der Druck bereits innerhalb der Nachdruckphase am Sensor auf null bar fällt, liegt am Sensor des PBT Materials bei einigen Einstellungen auch nach der Nachdruckphase weiterhin Druck an. Wie in Kapitel 2.2 beschrieben, wird in der Restkühlphase die Materialschwindung nicht mehr durch druckgeregeltes Nachführen von Material kompensiert, sondern nur noch das Formteil soweit heruntergekühlt, dass möglichst deformationsfrei entformt werden kann. Beim PBT-GF30 und PS fällt bei allen Experimenten der Druck bereits auf null bar innerhalb der Nachdruckphase ab. Dies indiziert, dass bereits zu diesem Zeitpunkt die Formmasse soweit eingefroren ist, dass kein Druck mehr an den Sensor übertragen werden kann. Beim PBT Material ist dies nicht der Fall. Bei den Experimenten K6 und K8, den Versuchen mit der niedrigsten Schmelzetemperatur, fällt der Druck mit dem Umschaltpunkt auf die Restkühlphase auf null bar. Dies deutet auf plastifiziertes Material hin, welches weiterhin Druck bis zum Sensor übertragen kann.

Bei den anderen Einstellungen zeigt sich auch nach dem Ende des Nachdrucks ein Druckabfall über einige Sekunden. Bei den Versuchen K7 und K10 ist eine erneute Druckstufe erkennbar (P3 in Abbildung 3.9 (b)). Zu dieser Zeit wird die Schnecke zurückgefahren und neues Material aufplastifiziert. Da bei den Versuchen keine Nadelverschlussdüse eingesetzt wurde, ist dieses Phänomen erkennbar. Alle Verläufe des PBT lassen darauf schließen, dass trotz der langen Nachdruckzeit von 20 Sekunden und einer Wanddicke von zwei Millimetern der Kunststoff noch nicht vollständig erstarrt ist und weiterhin Druck über die Schmelze übertragen werden kann. Begründet werden kann dies zum Beispiel durch einen schlechten Wärmeübergang zwischen Formteil und Kavität, aufgrund von Schwindungs- oder Verzugseffekten. Auch eine Kraftübertragung des Aggregates auf das Spritzgießwerkzeug kann durch Deformationen des Werkzeuges zu solchen Erscheinungen führen. Da bei den Verläufen jedoch eine Abhängigkeit der Prozesseinstellungen erkennbar ist, die Kontaktierungszeit des Aggregates jedoch bei allen Versuchen konstant ist, wird dieser Effekt ausgeschlossen. In Kapitel 4.1.1 wird mithilfe der Spritzgießsimulation überprüft, ob die genannten Phänomene abgebildet und Rückschlüsse auf deren Ursprung geschlossen werden können, um die Annahmen zu festigen.

Abbildung 3.10 zeigt die lokalen Temperaturverläufe aller Experimente. Dargestellt sind die Ergebnisse der durchgeführten zehn Versuchswiederholungen für jedes Experiment.

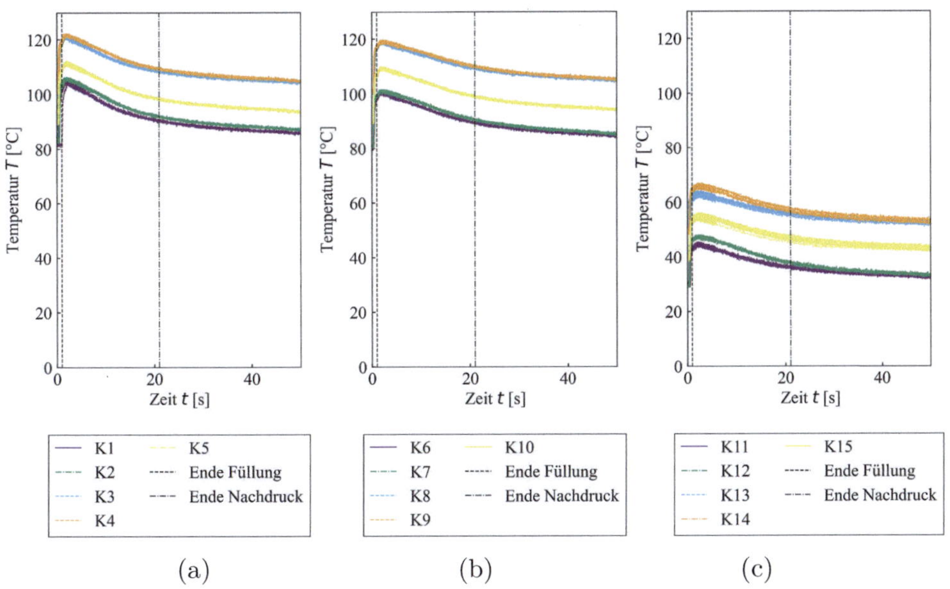

Abbildung 3.10 Ermittelte Temperaturverläufe für alle Materialien. (a): PBT-GF30; (b): PBT; (c): PS

Bei allen Experimenten zeigt sich ein sehr ähnlicher Temperaturverlauf. Zunächst ein rapider Anstieg in der Füllphase. Aufgrund der schnellen Wärmeabfuhr vom Polymer zur Kavität kühlt diese so schnell runter, dass am Sensor die Schmelzetemperatur nicht erreicht wird. Beginnend mit der Nachdruckphase ist ein Temperaturabfall erkennbar, welcher sich mit zunehmender Zeit der eingestellten Werkzeugtemperatur annähert.

3.5 Untersuchung der lokalen Faserstruktur mittels Computertomographie

Wie in Kapitel 2.2.2 beschrieben, richten sich die Kurzglasfasern im Zuge des Spritzgießprozesses lokal im Formteil aus, was zu einem anisotropen Materialverhalten führt. Hieraus folgt ein lokal unterschiedliches Schwindungs- und Verzugsverhalten. Zur Untersuchung der lokalen Faserstruktur werden an drei Positionen des Zentralpunktes (K5 in Tabelle 3.2) Faserstrukturanalysen durchgeführt. Die Auswertung erfolgt nach der in Kapitel 2.2.2.1 beschriebenen Methodik.

3.5.1 Faserstruktur im Kastenformteil

Abbildung 3.11 zeigt die Auswertungspositionen zur Ermittlung der lokalen Faserstruktur, sowie die zugehörigen Koordinatensysteme.

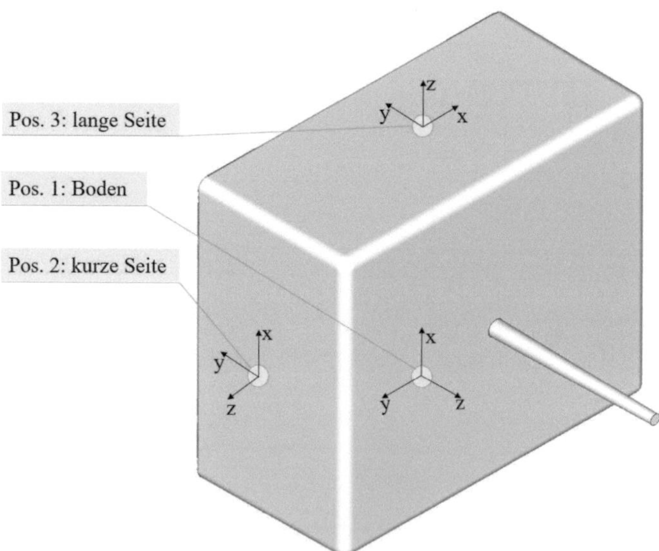

Abbildung 3.11   Proben-Entnahmepositionen für Faserstrukturanalysen am Kastenformteil

In Abbildung 3.12 sind die Hauptkomponenten des Orientierungstensors zweiter Stufe für alle Positionen über die normierte Probendicke dargestellt.

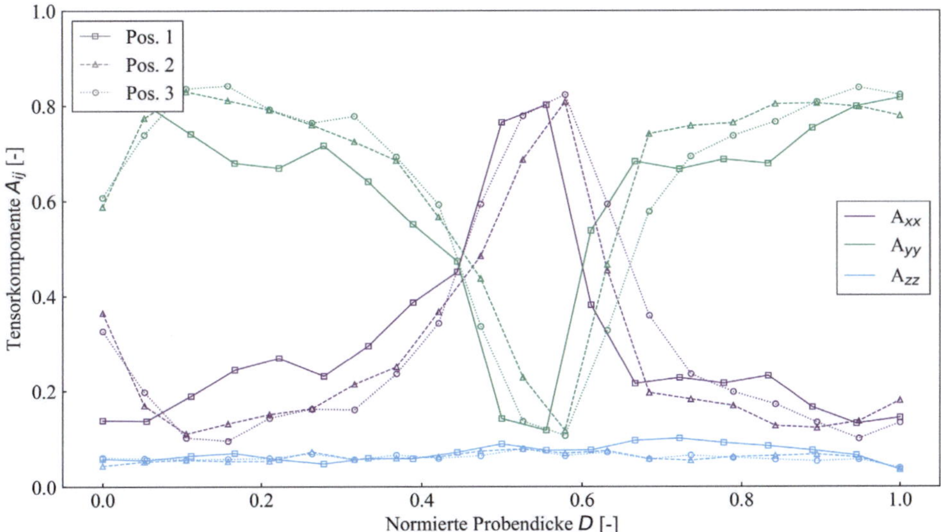

Abbildung 3.12 Hauptkomponenten des Faserorientierungstensors zweiter Stufe im Kasten

Der Vergleich der Tensorkomponenten zeigt, dass keine signifikanten Unterschiede erkennbar sind. Die Faserstruktur aller Positionen ist sehr ähnlich, sowohl hinsichtlich der Schichtbreiten, als auch des Orientierungsgrades über diese hinweg. Allgemein zeigt sich eine Faserstruktur, wie sie in Kapitel 2.2.2 beschrieben wird. In den Randbereichen ist eine ausgeprägte Orientierung der Fasern in Fließrichtung zu sehen. Im Inneren zeigt sich eine ausgeprägte Querorientierung, wobei die Breite der Mittelschicht im Vergleich zu den Randschichten gering ist. In Dickenrichtung zeigt sich bei allen Positionen eine sehr geringe Orientierung.

Abbildung 3.13 stellt die mittleren Faserlängen- und Dickenverteilung schichtweise für alle drei Auswertungspositionen im Kastenformteil dar. Zusätzlich ist der jeweilige arithmetische Mittelwert aus allen Schichten dargestellt.

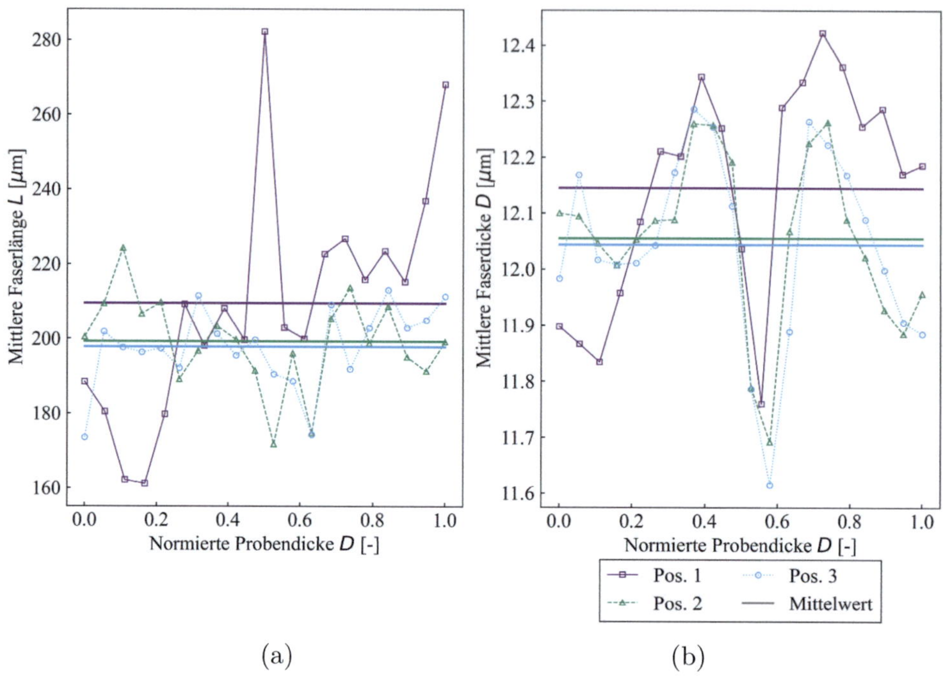

Abbildung 3.13 Schichtweise Darstellung der Faserlängen- (a) und -dickenverteilung (b)

Im Vergleich der drei Positionen ist eine leichte Abhängigkeit des Fließweges erkennbar. Während Position 2 und Position 3 sehr ähnliche Ergebnisse, sowohl in der mittleren Faserlängen-, als auch Dickenverteilung aufzeigen, zeigen sich an Position 1, mit dem kürzesten Fließweg, tendenziell höhere Werte.

4 Simulation des Schwindungs- und Verzugsverhaltens im Spritzgießprozess

Für die Durchführung der Spritzgießsimulationen kommt die kommerzielle Software CADMOULD® zum Einsatz. Neben CADMOULD® sind weitere Programme, wie Moldflow® und Moldex3D® in der Anwendung weit verbreitet. Auf einen Vergleich der Simulationsprogramme und -ergebnisse wird in dieser Arbeit jedoch bewusst verzichtet, um die folgenden Untersuchungen im gegebenen Detaillierungsgrad durchführen zu können. Es sei jedoch an dieser Stelle anzumerken, dass aufgrund unterschiedlicher Berechnungsansätze der Programme, Ergebnisunterschiede anzunehmen sind.

Im Folgenden wir die Spritzgießsimulation mit CADMOULD® beschrieben. Da im Zuge des hierfür notwendigen Modellaufbaus dem Anwender an einigen Stellen Anpassungsmöglichkeiten zur Verfügung stehen, zum Beispiel die Definition der Elementgröße, werden diese Optionen zu Beginn der späteren Optimierungen (Kapitel 5.1) gerechnet und anschließend mit den experimentellen Ergebnissen verglichen. Das Ziel dieser Variationen ist einerseits die Ermittlung der zu erwartenden Ergebnisgüte, in Abhängigkeit der gewählten Parameter, sowie die Auswahl optimaler Einstellungen für weitere Optimierungen im Materialmodell (siehe Kapitel 5). In Kapitel 4 werden die Simulationen zunächst mit Standardparametern gerechnet. Lediglich für das PBT werden aus Gründen der Vollständigkeit die vereinfachte, sowie vollständige Kühlsimulation gerechnet. In Abbildung 4.1 wird das aufgebaute Simulationsmodell gezeigt.

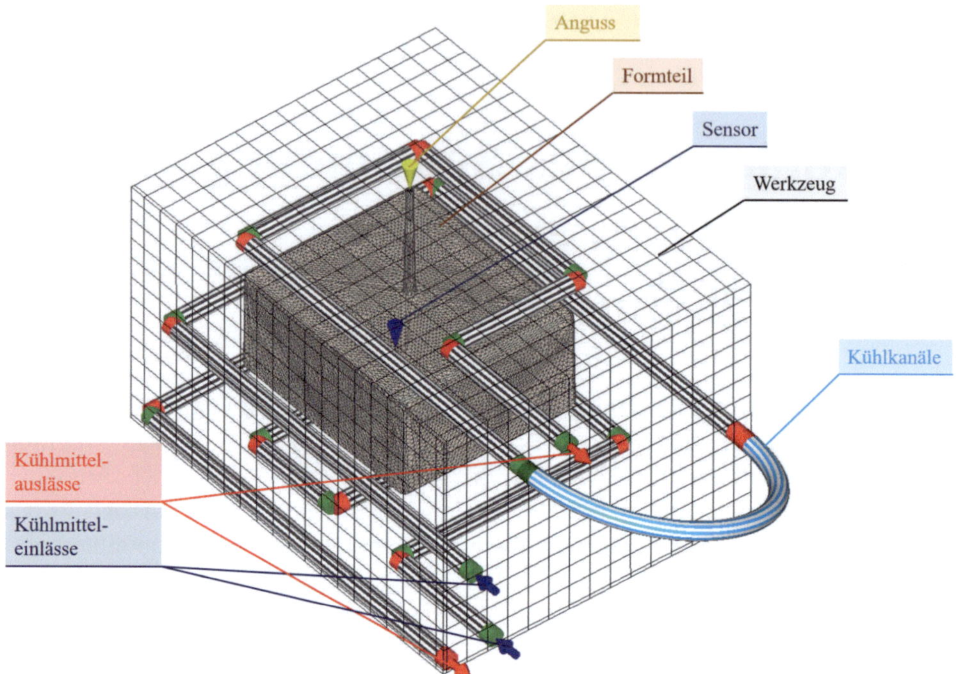

Abbildung 4.1   Simulationsmodell des Kastenformteils

Zu sehen ist das gesamte Simulationsmodell des Kastenformteils, welches neben diesem auch den Anguss, Sensor sowie das Kühlsystem beinhaltet. Ein Überblick über die Randbedingungen und Annahmen der Simulation ist in Kapitel 2.3 gegeben.

4.1 Vergleich experimenteller- und simulativer Ergebnisse

4.1.1 Simulation des PBT Materials

In Kapitel 2.3 ist beschrieben, dass CADMOULD® unterschiedliche Berechnungsmethoden zur Berücksichtigung der Werkzeugoberflächentemperatur bereit stellt. Einerseits kann eine über die gesamte Werkzeugoberfläche homogene Temperatur, im Folgenden als CM noCool bezeichnet, angenommen werden. Alternativ kann durch Berücksichtigung des Kühlsystems und die Angabe notwendiger Parameter, die lokale Temperatur berechnet und hieraus ein zeitabhängiges Temperaturfeld in die weiteren Simulationsschritte übergeben werden. Diese wird im Folgenden mit CM bezeichnet.

Da eine adäquate Berücksichtigung der lokalen Temperaturverhältnisse mitunter eine Basiskomponente für die Vorhersage von Schwindung und Verzug ist, muss das Kühlsystem in der Simulation zu berücksichtigt werden. Wie zu Beginn dieses Kapitels angemerkt, werden der Vollständigkeit halber im Folgenden die Ergebnisse beider Berechnungsmethoden gezeigt (siehe Abbildung 4.2).

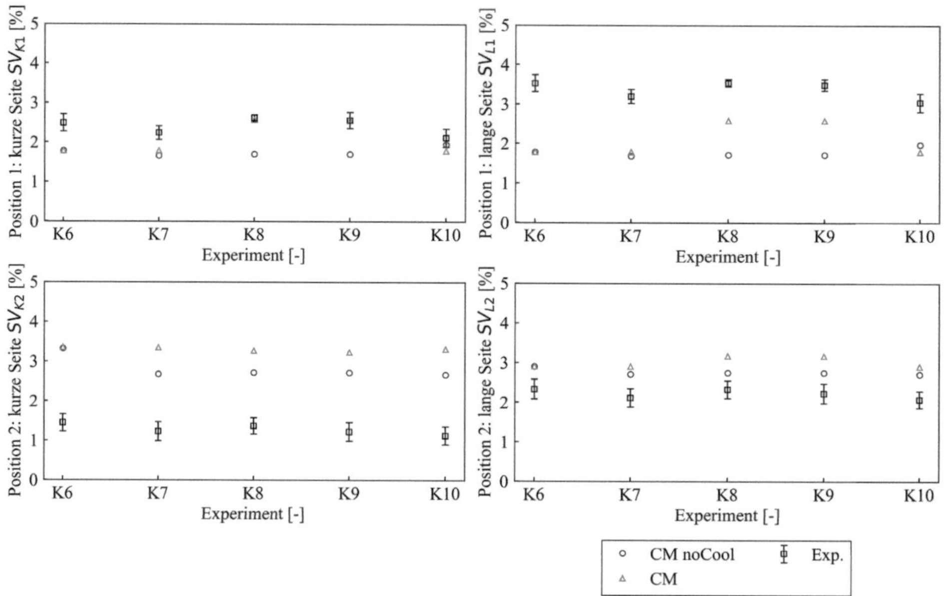

Abbildung 4.2   Einfluss der Werkzeugoberflächentemperatur-Berechnung auf Schwindung und Verzug des PBT Materials

Es zeigt sich, dass die Berücksichtigung der Kühlung an den Positionen SV_{K1} und SV_{L1} zu einer Verbesserung der Abbildungsgüte führt. An einigen Positionen sind die Unterschiede lediglich marginal, bzw. an den Positionen SV_{K2} und SV_{L2} ein umgedrehter Trend erkennbar. An den Positionen SV_{L1} und SV_{K2} zeigen beide Berechnungsmethoden sehr deutliche Abweichungen im Vergleich zum Experiment.

In Abbildung 4.3 sind die simulierten Druckverläufe an der Sensorposition den experimentellen Ergebnissen gegenübergestellt. Wie zuvor beschreibt *CM noCool* die Berechnung mit einheitlicher Oberflächentemperatur und *CM* die Berechnung mit Berücksichtigung des Kühlsystems.

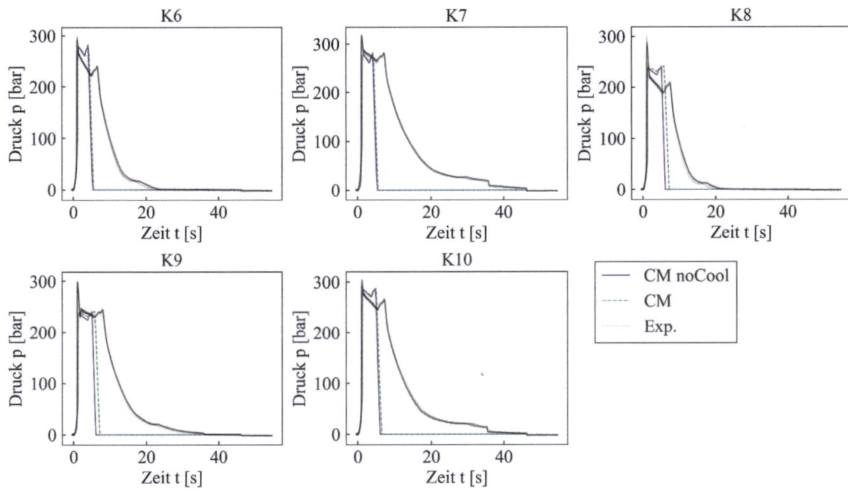

Abbildung 4.3 Einfluss der Werkzeugoberflächentemperatur-Berechnung auf den lokalen Druckverlauf des PBT Materials

Beide Datensätze bilden den notwendigen Fülldruckbedarf gut ab. Dies ist ein Hinweis darauf, dass die Viskositätsdaten zutreffend sind (siehe Kapitel 2.3.2.1). Im Vergleich zeigen die Ergebnisse nur marginale Veränderungen der Druckverläufe. Bei K8 und K9 ist eine geringfügige Verbesserung der Prognosegüte bei *CM* erkennbar. Bei den anderen Einstellungen ist kein Unterschied zu sehen. Trotz der Diskrepanzen in der Abbildung des Druckverlaufs in der Nachdruck- und Restkühlphase, ist zu sehen, dass die Simulationen den erneuten Druckanstieg, welcher in Kapitel 3.4 diskutiert ist, qualitativ vorhersagen können. Abbildung 4.4 zeigt die Simulation der eingefrorenen Randschichten in diesem Zeitbereich.

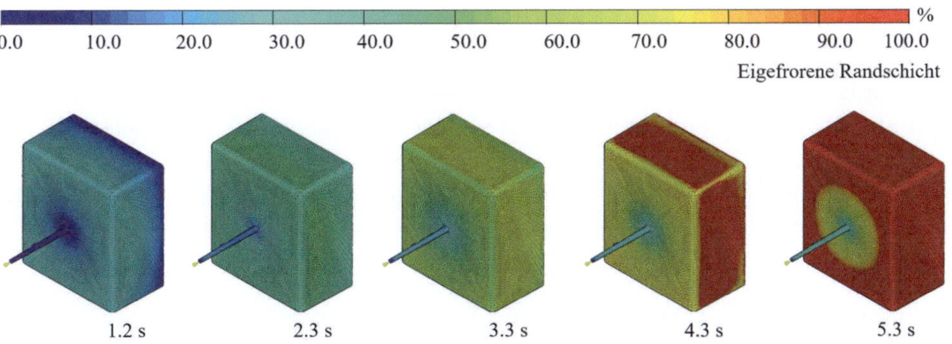

Abbildung 4.4 Simulierte Einfriercharakteristik des Kastenformteils

Es ist zu sehen, dass bei 4,3 Sekunden ein sehr großer Bereich der Kastenseitenwände einfriert. Hierdurch steigt der Druck am Sensor an. Ab dem Zeitpunkt, an dem der Querschnitt am Sensor selbst zunehmend einfriert, fällt der Druck wieder ab.

Abbildung 4.5 zeigt den experimentell ermittelten und simulierten Temperaturverlauf für den Versuch K6.

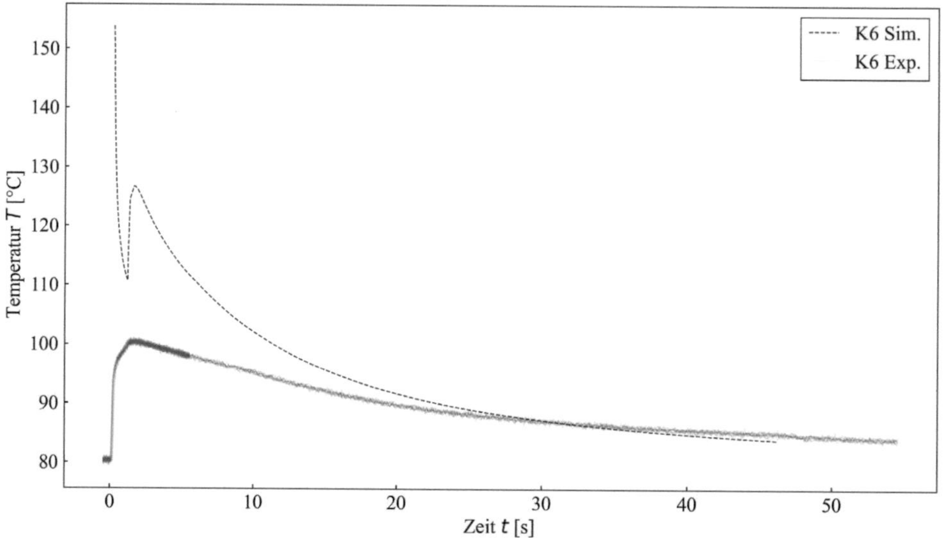

Abbildung 4.5 Simulation und experimentelle Ermittlung des lokalen Temperaturverlaufs des PBT Materials, am Beispiel des Versuchs K6

Es ist zu sehen, dass die beiden Verläufe insbesondere zu Beginn des Zykluses sehr unterschiedlich sind. Während der Temperatursensor im Werkzeug knapp unterhalb der Werkzeugoberfläche liegt, ermittelt der Sensor in der Simulation die Temperatur auf der Formteiloberfläche. Beim Experiment ist zu Beginn die eingestellte Werkzeugtemperatur von 80 °C zu sehen, welche resultierend aus den thermischen Prozessen zunächst auf etwa 100 °C ansteigt und anschließend langsam abfällt. Bei der Simulation zeigen sich deutlich höhere Werte. Aufgrund der Auflösung, welche sich aus den Zeitinkrementen ergibt, ist hier nicht initial die Schmelzetemperatur zu sehen, sondern ein geringerer Wert, welcher rapide abfällt. Erst ab etwa 25 Sekunden nähern sich beide Kurven an.

Aufgrund der unterschiedlichen Ermittlungspositionen können beide Datensätze nicht miteinander verglichen werden. Eine Möglichkeit zum Vergleich ist der Einsatz eines Temperatursensors, welcher auf der Kontaktfläche zwischen Werkzeug und Polymer platziert wird. Da dieser jedoch beim Spritzgießprozess von der Kunststoffschmelze umströmt wird und anschließend nicht beschädigungsfrei entfernt werden kann, ist dieser für diese umfassenden Untersuchungen ungeeignet.

4.1.2 Simulation des PBT-GF30 Materials

Im Folgenden sind die Simulationsergebnisse des PBT-GF30 Materials gezeigt. Die erzeugten Daten basieren auf den Materialparametern aus der CADMOULD®-Materialdatenbank [72] und werden mit Kühlung berechnet. Abbildung 4.6 zeigt die Schwindungs- und Verzugsergebnisse.

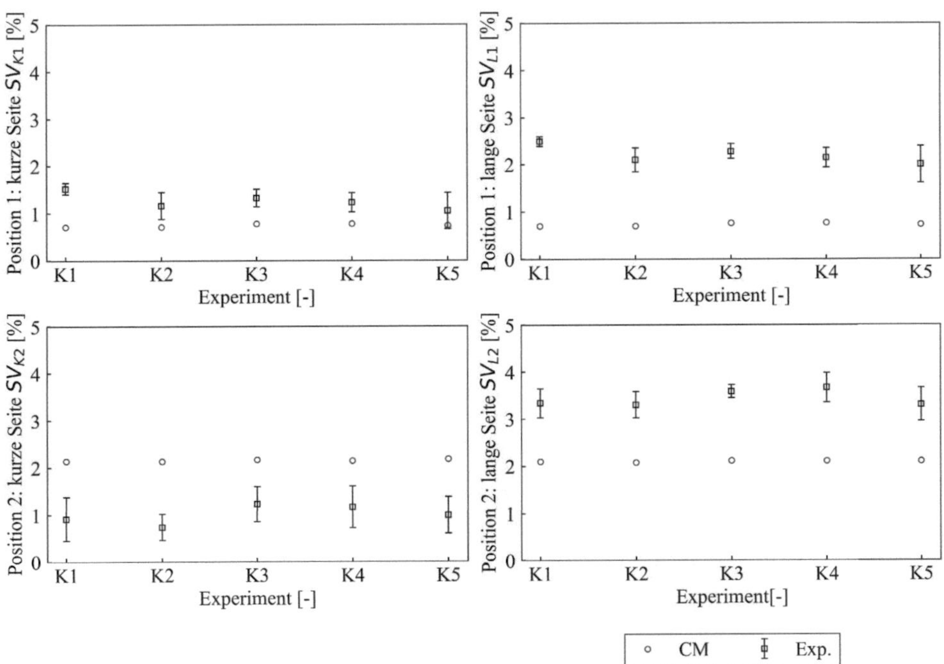

Abbildung 4.6 Simulation von Schwindung und Verzug des PBT-GF30 Materials

Wie bei den zuvor gezeigten Simulationen, sind hier Abweichungen erkennbar. Lediglich an Position SV_{K1} ist eine gute Prognose erkennbar. Abbildung 4.7 zeigt die lokalen Druckverläufe.

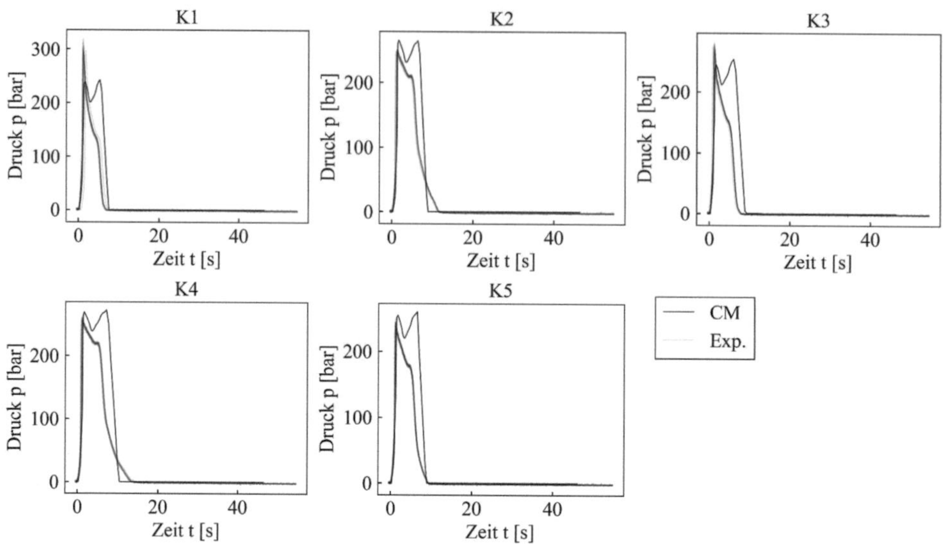

Abbildung 4.7   Simulation des lokalen Druckverlaufs des PBT-GF30 Materials

Allgemein ist eine gute Vorhersage des Fülldruckbedarfs, sowie des Einfrierzeitpunktes zu sehen. Auch der Druckverlauf hierzwischen wird qualitativ gut prognostiziert. Wobei die Simulation einen erneuten Druckanstieg, wie beim PBT-Material, aufzeigt. Dieser ist in den Experimenten jedoch nicht zu sehen.

4.1.3 Simulation des PS Materials

Im Folgenden sind die Simulationsergebnisse des PS Materials gezeigt. Die erzeugten Daten basieren auf den Materialparametern aus der CADMOULD®-Materialdatenbank [72] und werden mit Kühlung berechnet. Abbildung 4.8 zeigt die Schwindungs- und Verzugsergebnisse.

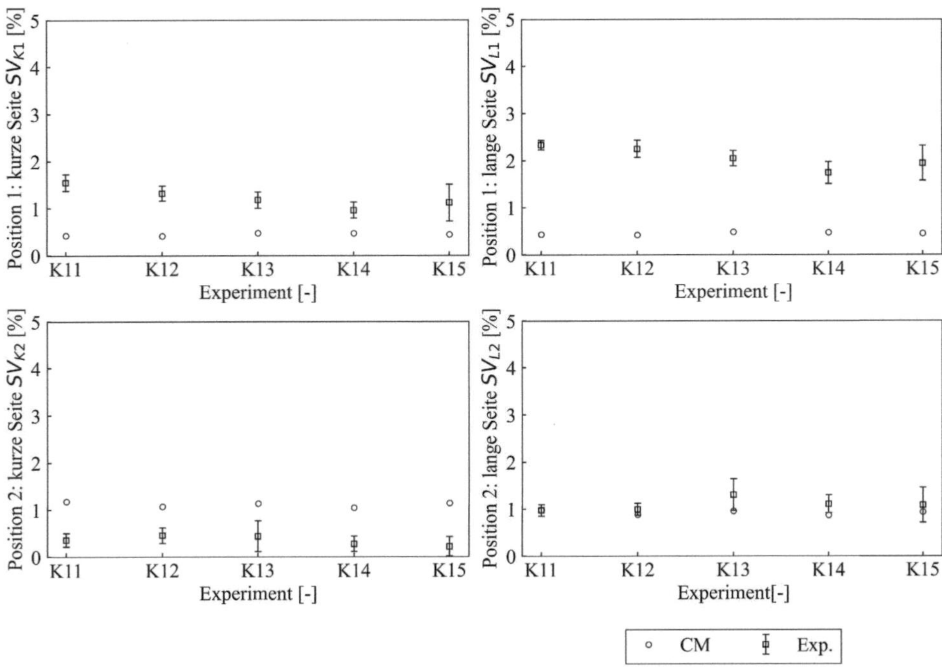

Abbildung 4.8   Simulation von Schwindung und Verzug des PS Materials

Ähnlich der zuvor gezeigten Ergebnisse für des PBT Materials zeigen sich Abweichungen an Position SV_{L1}. An den anderen Positionen sind die Abweichungen geringer. Position SV_{L2} wird sehr gut vorhergesagt. Abbildung 4.9 zeigt die simulierten Druckverläufe.

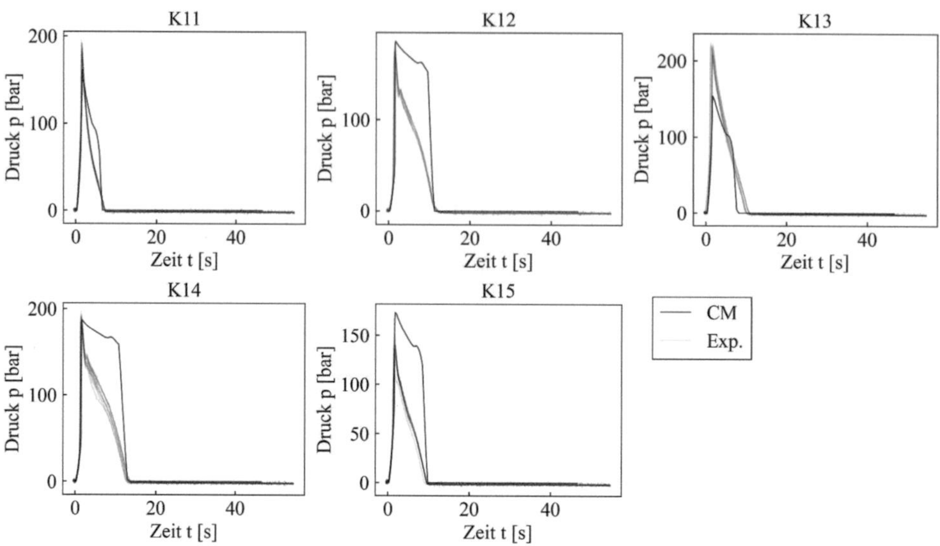

Abbildung 4.9   Simulation des lokalen Druckverlaufs des PS Materials

Der Fülldruckbedarf kann, wie beim PBT und PBT-GF30, bei allen Variationen sehr gut vorhergesagt werden. Auch der Einfrierzeitpunkt wird, wie beim PBT-GF30, realitätsnah prognostiziert. Bei den Gradienten des Druckverlaufs zeigen sich jedoch Diskrepanzen. Lediglich die Verläufe der Experimente K11 und K13 können gut abgebildet werden.

5 Systematische Untersuchung der Berechnungsparameter der Spritzgießsimulation

In diesem Kapitel wird die systematische Untersuchung der Schwindungs- und Verzugsberechnung in CADMOULD® beschrieben. Umfangreiche Untersuchungen werden am PBT Material durchgeführt und mithilfe von statistischen Methoden ausgewertet. In Kapitel 5.1 sind die Untersuchungen der Simulationsparameter beschrieben. In Kapitel 5.2 werden für die Schwindungs- und Verzugssimulation notwendige Materialparameter experimentell ermittelt und in Materialmodelle der Simulation überführt.

Aufbauend auf den durchgeführten Untersuchungen des PBT, werden ergänzende Versuche am PBT-GF30 durchgeführt (siehe Kapitel 5.3). Hierbei werden Stoffwerte betrachtet, welche lediglich bei verstärkten Materialien zum tragen kommen. Deren Einfluss wird unter dem Fokus der Schwindungs- und Verzugssimulation diskutiert. Basierend auf den Erkenntnissen der Untersuchungen am PBT werden relevante Stoffwerte des PS ermittelt (siehe Kapitel 5.4).

Die in diesem Kapitel dargestellten Untersuchungen stellen die Basis für nachfolgende Schwindungs- und Verzugssimulationen dar (siehe Kapitel 6).

5.1 Untersuchung der Simulationsparameter

5.1.1 Relative Elementgröße

Im ersten Schritt werden repräsentativ für alle Simulationen anhand des Versuchs K10 aus Tabelle 3.2, Modelle mit unterschiedlichen Elementgrößen simuliert und deren Einfluss auf das Schwindungs- und Verzugsergebnisse betrachtet (siehe Tabelle 5.1).

M. Fornoff, *Beitrag zur optimierten Vorhersage von Schwindungs- und Verzugserscheinungen spritzgegossener Kunststoffbauteile*, Mechanik, Werkstoffe und Konstruktion im Bauwesen 71,
https://doi.org/10.1007/978-3-658-43459-5_5

Tabelle 5.1 Variation der relativen Elementgröße

Simulation	relative Elementgröße [mm]
1	0.5
2	1.0
3	1.5
4	2.0
5	2.5
6	3.0
7	3.5
8	4.0

Die in Tabelle 5.1 aufgeführte Simulation mit einer rel. Elementgröße von 2 mm basiert auf der ausgegebenen Empfehlung von CADMOULD® während der automatischen Diskretisierung des Modells. In Kapitel 6.1.1 sind die simulierten Schwindungs- und Verzugsergebnisse dargestellt.

5.1.2 Wärmeübergangskoeffizient zwischen Polymer und Werkzeug

Basierend auf den in Tabelle 2.1 dargestellten Literaturwerten aus unterschiedlichen Simulationsprogrammen, ergibt sich der in Tabelle 5.2 dargestellte vollfaktorielle Versuchsplan mit acht Variationen. Dessen Varianten werden am Zentralversuchs K10 aus Tabelle 3.2 simuliert.

Tabelle 5.2 Variation der Wärmeübergangskoeffizienten für die Füll-, Nachdruck- und Restkühlphase

Simulation	Wärmeübergangskoeffizient $[\frac{W}{m^2 K}]$		
	Füllung	Nachdruck	Restkühlphase
1	5000	1000	25000
2	2500	25000	25000
3	5000	25000	1000
4	5000	25000	25000
5	5000	1000	1000
6	2500	1000	1000
7	2500	25000	1000
8	2500	1000	25000

Die hieraus resultierenden Simulationsergebnisse sind in Kapitel 6.1.2 dargestellt. Um zu prüfen, ob der Einfluss temperaturabhängig ist, wird folgender reduzierter Versuchsplan (siehe Tabelle 5.3) für alle Versuchseinstellungen des PBT-Materials aus Tabelle 3.2 gerechnet und qualitative Vergleiche von Schwindung und Verzug, sowie des lokalen Druckverlaufs durchgeführt.

Tabelle 5.3 Reduzierte Variation der Wärmeübergangskoeffizienten für die Füll-, Nachdruck- und Restkühlphase

Simulation	Wärmeübergangskoeffizient $[\frac{W}{m^2 K}]$		
	Füllung	Nachdruck	Restkühlphase
HTC1	2500	1000	1000
HTC2	2500	25000	1000
HTC3	5000	1000	1000
HTC4	5000	25000	25000
HTC5	2500	1000	25000

5.2 Ermittlung und Untersuchung der PBT Materialparameter

Aufbauend auf den in Kapitel 2.3.2 beschriebenen Materialdaten einer Spritzgießsimulation werden in diesem Kapitel die Versuchspläne der Simulationen und die hierfür erforderliche Stoffdatenermittlung des PBT vorgestellt.

In Tabelle 5.4 ist der teilfaktorielle Versuchsplan zur statistischen Untersuchung des Einflusses der Materialdaten dargestellt. Wie in Kapitel 4 aufgezeigt, wird der Fülldruckbedarf bei allen Simulationen gut prognostiziert, was für korrekte Viskositätsdaten spricht. In der Nachdruck- und der Restkühlphase zeigen sich beim PBT deutliche Abweichungen. Aus diesem Grund werden die, für diese Prozessschritte notwendigen, Daten in den Versuchsplan einbezogen. Bei dem Versuchsplan handelt es sich um eine lineare, zweistufige Untersuchung. Die Bezeichnung „DB" steht hierbei für Datenbank und „M" für Messung. In Summe ergeben sich hierdurch 16 Variationen bei einer Auflösung von IV. Dies bedeutet, dass die Faktoren von Zwei-Faktor-Wechselwirkungen unterschieden werden können und lediglich mit Drei-Faktor-Wechselwirkungen vermengt sind.

Tabelle 5.4 Variation der Materialparameter des PBT Materials

Simulation	pvT	WLF	C_p	T_t	T_e	E
1	DB	DB	DB	DB	DB	DB
2	M	DB	DB	DB	M	DB
3	DB	M	DB	DB	M	M
4	M	M	DB	DB	DB	M
5	DB	DB	M	DB	M	M
6	M	DB	M	DB	DB	M
7	DB	M	M	DB	DB	DB
8	M	M	M	DB	M	DB
9	DB	DB	DB	M	DB	M
10	M	DB	DB	M	M	M
11	DB	M	DB	M	M	DB
12	M	M	DB	M	DB	DB
13	DB	DB	M	M	M	DB
14	M	DB	M	M	DB	DB
15	DB	M	M	M	DB	M
16	M	M	M	M	M	M

Wie auch bei der Variation der Wärmeübergangskoeffizienten (siehe Kapitel 5.1.2), wird dieser Versuchsplan vollumfänglich nur für den Zentralversuch K10 aus Tabelle 3.2 durchgeführt. Ergänzend hierzu werden jedoch für alle Versuchseinstellungen des PBT Materials (siehe Tabelle 3.2) die in Tabelle 5.5 gezeigten Variationen simuliert.

Tabelle 5.5 Reduzierte Variation der Materialparameter des PBT Materials

Simulation	pvT	WLF	C_p	T_t	T_e	E
1	M	DB	DB	DB	DB	DB
2	DB	M	M	DB	DB	DB
3	DB	M	M	M	M	DB
4	DB	DB	DB	DB	DB	M
5	M	M	M	M	M	M

Hierdurch kann der Materialdateneinfluss für unterschiedliche Prozesseinstellungen qualitativ abgeschätzt werden. Die Simulationsergebnisse sind in Kapitel 6.2 dargestellt. Im Folgenden wird die experimentelle Ermittlung der Materialparameter beschrieben.

5.2.1 Thermische Eigenschaften

In Kapitel 2.3.2 sind die vier thermischen Eigenschaften beschrieben, die für die Spritzgießsimulation notwendig sind. Im Folgenden wird die Ermittlung dieser für das PBT Material aufgezeigt und den Datenbankwerten gegenübergestellt.

5.2.1.1 Wärmeleitfähigkeit

Die Messung der Wärmeleitfähigkeit α erfolgt mithilfe der Flash Apperatur LFA 447 NanoFlash der Firma NETSCH-Gerätebau GmbH nach ASTM D5930 [123]. Bei diesem Verfahren wird eine Seite eines scheibenförmigen Probekörpers mit definierten Lichtimpulsen bestrahlt, wodurch sich diese erwärmt. Anschließend wird die notwendige Zeit ermittelt, die notwendig ist, um die Probe thermisch zu durchdringen. Dies erfolgt mithilfe eines Infrarot-Detektors. Die hieraus ermittelte Temperatur-Zeit-Funktion dient als Basis für die Berechnung der Temperaturleitfähigkeit α [123]. Anschließend kann die Wärmeleitfähigkeit k aus der Dichte ρ, der spezifischen Wärmekapazität C_p und der Temperaturleitfähigkeit α nach

$$k = \rho \cdot C_p \cdot \alpha \tag{5.1}$$

berechnet werden. Abbildung 5.1 zeigt die experimentell ermittelte Wärmeleitfähigkeit im Vergleich zu dem Datenbankwert [72], welcher nicht temperaturabhängig hinterlegt ist.

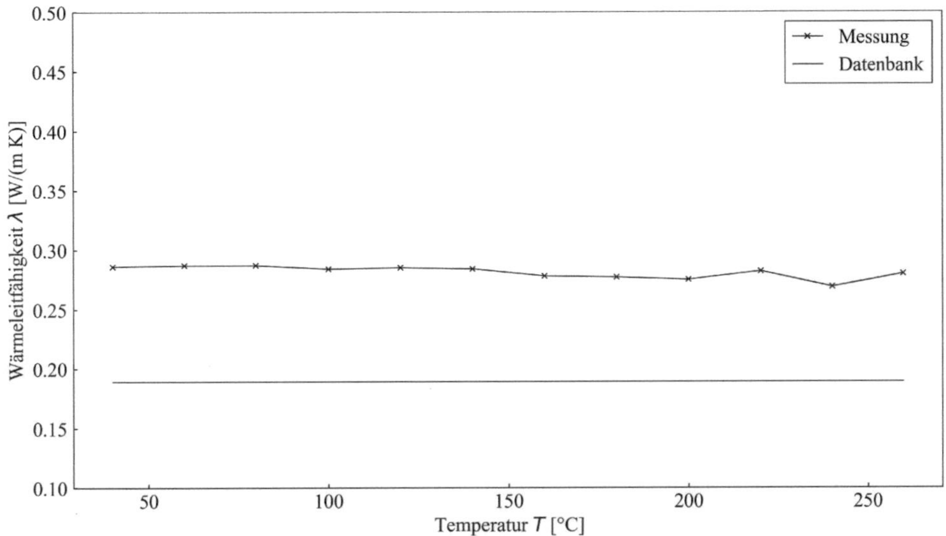

Abbildung 5.1   Vergleich der gemessenen Wärmeleitfähigkeit mit den Datenbankwerten des PBT Materials

Die Messergebnisse zeigen eine sehr geringe Temperaturabhängigkeit auf, welche jedoch im Vergleich zum Datenbankwert deutlich höher liegen.

5.2.1.2 Spezifische Wärmekapazität

Die Ermittlung der spezifischen Wärmekapazität C_p erfolgt mithilfe eines Differenzialkalorimeters, DSC 7 der Firma PerkinElmer nach ASTM E1269 [124]. Neben der Probe wird hierbei eine Saphirprobe mit einer bekannten Wärmekapazität gemessen. Während der Prüfung werden die Wärmeströme beider Materialien aufgenommen. Aus diesen wird nachfolgend der Quotient gebildet und dieser mit den bekannten Wärmekapazitäten des Saphirs multipliziert. Dies ergibt die Wärmekapazität des Polymers. Wird dieser Wert in Beziehung mit der Probeneinwaage gesetzt, kann die spezifische Wärmekapazität ermittelt werden. Das Messergebnis und der skalare, temperaturunabhängige Wert aus der Datenbank sind in Abbildung 5.2 dargestellt.

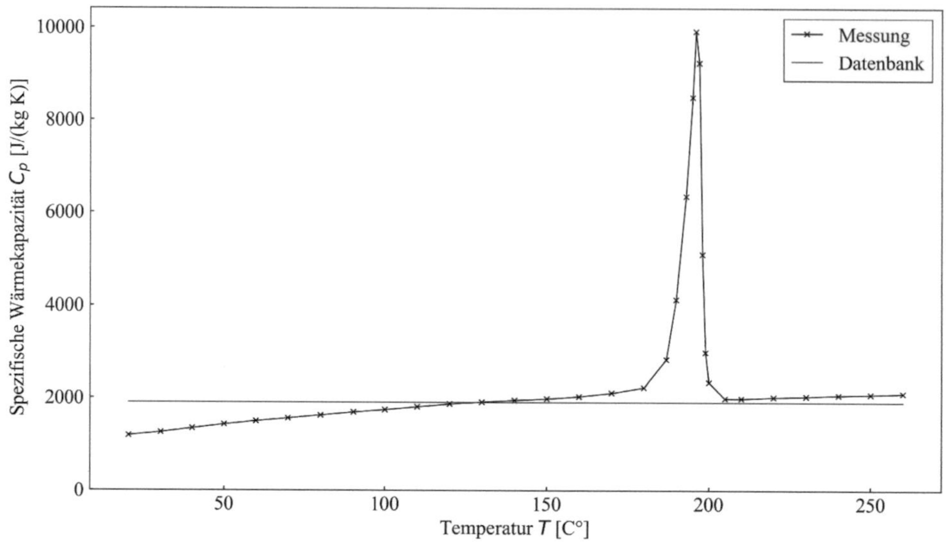

Abbildung 5.2 Vergleich der gemessenen spezifischen Wärmekapazität mit den Datenbankwerten des PBT Materials

Im Bereich von 180-205 °C ist ein deutlicher Peak in der Messung erkennbar. Dies ist der sogenannte Enthalpie-Peak, häufig auch Kristallisationspeak genannt. Dieser beschreibt nicht die tatsächliche Wärmekapazität, sondern eine Unstetigkeit aufgrund von Kristallisationsprozessen. Abgesehen von diesem Peak liegen die Messwerte und der Datenbankwert oberhalb von 130 °C nahe beieinander. Die Messergebnisse dieser Messung werden für die Ermittlung der Fließgrenz- und der Entformungstemperatur herangezogen. Dies ist in Kapitel 5.2.1.3 beschrieben.

5.2.1.3 Fließgrenz- und Enformungstemperatur

Zur Ermittlung der Fießgrenz- und Entformungstemperatur wird der in Kapitel 2.3.2.5 beschriebene Ansatz nach [125] genutzt, bei dem die Kennwerte aus der C_p-Messung abgeleitet werden. Die Ermittlung der Parameter ist in Abbildung 5.3 dargestellt.

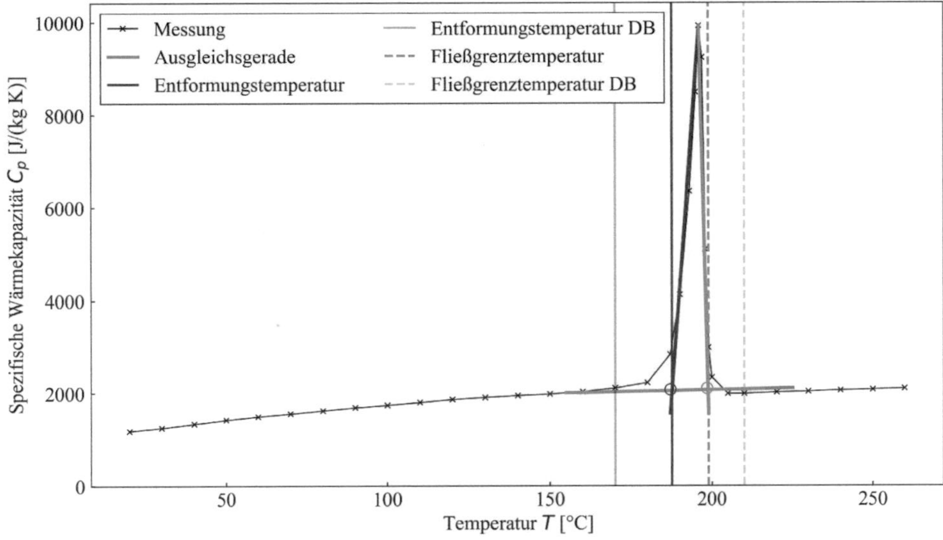

Abbildung 5.3 Ermittlung und Vergleich der ermittelten Fließgrenz- und Entformungstemperatur mit den Datenbankwerten des PBT Materials

Hierdurch ergeben sich für die Entformungstemperatur etwa 188 °C und 199 °C für die Fließgrenzstemperatur. In der Datenbank sind 170 °C für die Entformungs- und 210 °C für die Fließgrenztemperatur angegeben.

5.2.2 Spezifisches Volumen

Die Ermittlung des spezifischen Volumens erfolgt nach ISO 17744 [126] mittels mit der Kolben-pvT-Anlage pvT100, der Firma SWO-Polymertechnik GmbH. Vor der Messung erfolgt die Einwaage der Kunststoffprobe, da die Masse zur Berechnung des spezifischen Volumens erforderlich ist. Anschließend wird diese gemäß der Verarbeitungstemperatur in der Anlage aufgewärmt und vorkomprimiert. Im Verlauf der Messung fährt die Anlage definierte Druckstufen an. Während jeder Druckstufe erfolgt eine isobare Abkühlung mit einer Kühlrate von 2,5 K/min bis auf Raumtemperatur herunter. Sobald sich das Volumen des Kunststoffes während der Messung verändert, fährt der bewegliche Kolben wieder auf Kontakt, wobei der Verfahrweg ermittelt wird.

Die Berechnung des spezifischen Volumens ν erfolgt anschließend nach

$$\nu = \frac{V}{m},\qquad(5.2)$$

mit dem Volumen V und der Masse m. Um die Materialdaten in CADMOULD® zu überführen, werden diese mithilfe des 7-Koeffizienten-Ansatzes approximiert (siehe Kapitel 2.3.2.6). Der graphische Vergleich zwischen Messung und Approximation ist in Abbildung 5.4 dargestellt. Die ermittelten Koeffizienten sind in Anhang A.1 zu finden.

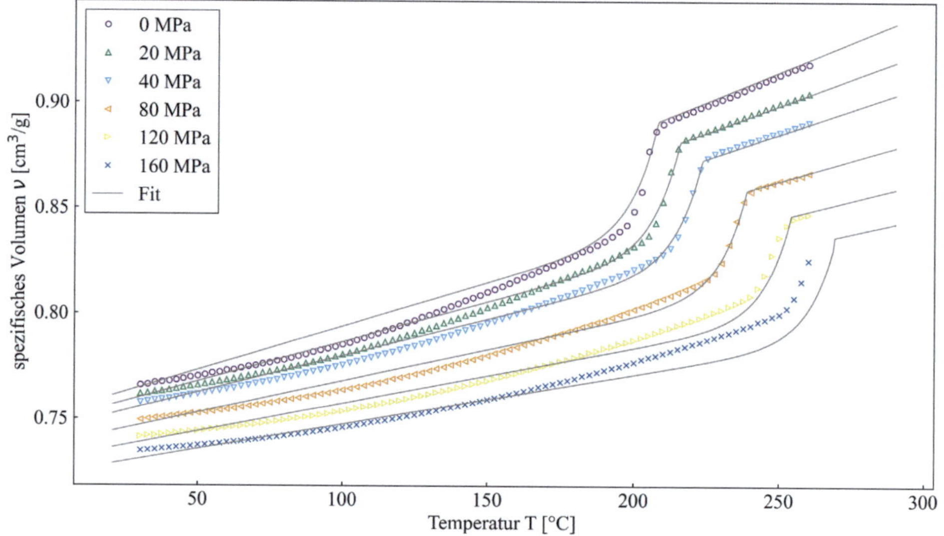

Abbildung 5.4 Gemessene pvT-Daten des PBT Materials und Approximation mit 7-Koeffizienten-Ansatz

Der Vergleich der Messungen mit der Approximation zeigt, dass der Schmelzebereich und der Phasenübergang, insbesondere im Druckbereich von 0,1 - 120 MPa sehr gut angenähert werden können. Im Feststoffbereich treten Nichtlinearitäten auf, welche vom Modell nicht abgebildet werden können. Diese Diskrepanzen werden jedoch kleiner mit zunehmenden Druck. In Abbildung 5.5 ist der Vergleich der approximierten Messergebnisse mit den Werten aus der Datenbank dargestellt.

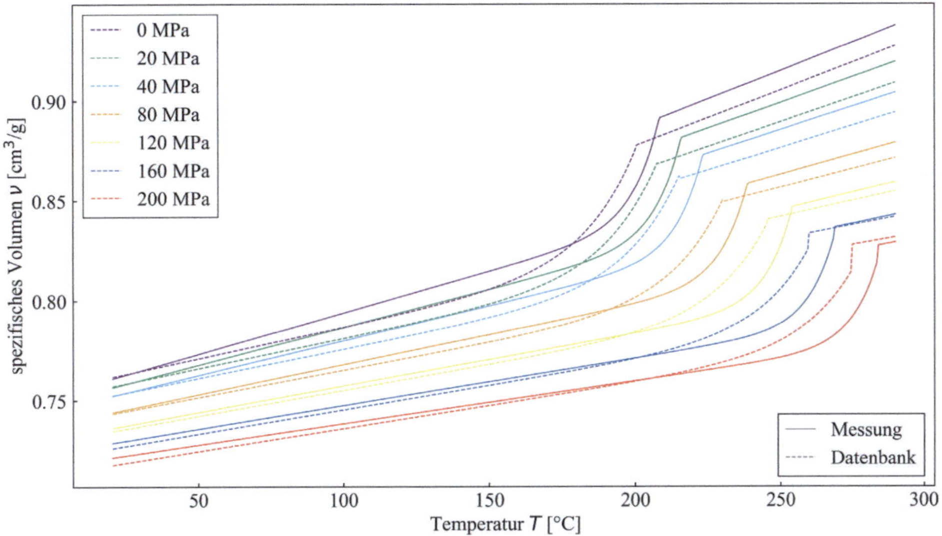

Abbildung 5.5 Vergleich der gemessenen pvT-Daten des PBT Materials mit den Datenbankwerten

Im Druckereich von 120 - 200 MPa zeigen sich, sowohl im Feststoff-, als auch Schmelzebereich sehr ähnliche Ergebnisse, wobei sich der Phasenübergang deutlich unterscheidet. Mit abnehmenden Druck zeigen die Datenbankwerte ein geringeres spezifisches Volumen in beiden Bereichen. Im Phasenübergang ist ein umgekehrter Trend erkennbar. Ebenso erstreckt sich der nichtlineare Verlauf des Phasenübergangs bei den Datenbankwerten über einen größeren Temperaturbereich.

In Kapitel 5.2.1.3 ist die Ermittlung der Fließgrenztemperatur beschrieben. Da der dort verglichene Datenbankwert jedoch nur skalar definiert ist, kann dieser nicht für die Ermittlung dieses Parameters herangezogen werden. Daher wird im Folgenden geprüft, ob auch die pvT-Messung, welche den Phasenübergang abbildet, zur Ermittlung dieses Wertes genutzt werden kann. Hierzu sind in Abbildung 5.6 die 0 MPa Kurven der pvT-Daten aus der Messung, der Datenbank und zudem die Fließgrenztemperatur aus der C_p-Messung und der Datenbank abgebildet.

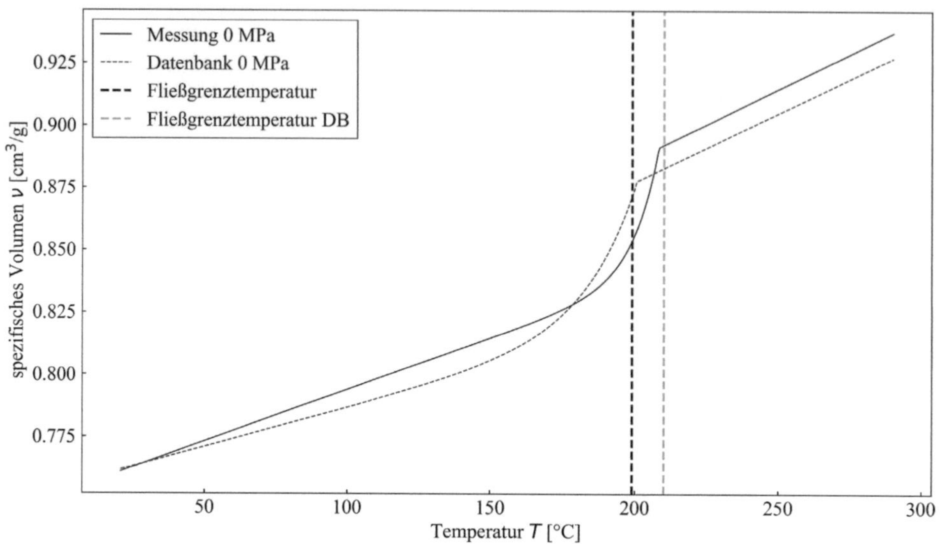

Abbildung 5.6   Ermittlung der Fließgrenztemperatur aus der pvT-Messung des PBT Materials

Der nichtlineare Verlauf zeigt hierbei sehr deutlich, dass der Phasenübergang nicht abrupt geschieht, sondern über einen Temperaturbereich andauert. Betrachtet man hingegen die experimentell ermittelte Fließgrenztemperatur aus der C_p-Messung, ist erkennbar, dass dieser mittig im Phasenübergang der pvT-Messung liegt. Dies zeigt, dass dieser Wert auch aus der pvT-Messung dieser Wert abgeleitet werden kann. Bei den Ergebnissen aus der Datenbank trifft dies jedoch nicht zu, hier liegt die Fließgrenztemperatur deutlich oberhalb des Phasenübergangs.

5.2.3 Elastizitätsmodul

Der temperaturabhängige Elastizitätsmodul wird mittels dynamisch-mechanischer Analyse (DMA) ermittelt. Der Aufbau ist ein Doppel-Cantilever Biegeversuch mit einer Prüffrequenz von 1 Hz und einer Temperaturrampe von 0,5 K/min. Die Prüfung erfolgt an einer DMA-Anlage Q800 aus dem Hause TA Instruments. Die Messergebnisse, sowie die Datenbankwerte sind in Abbildung 5.7 dargestellt.

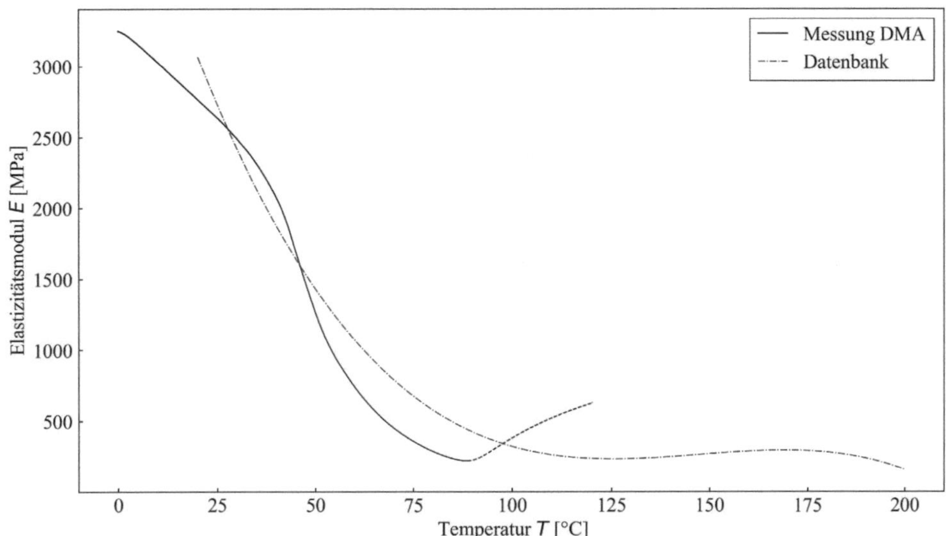

Abbildung 5.7 Ermittlung des temperaturabhängigen Elastizitätsmoduls des PBT Materials

Die dargestellten Ergebnisse aus der Messung sowie der Datenbank unterscheiden sich über den gesamten Temperaturbereich. Dies kann auf mehrere Gründe zurückgeführt werden: Es ist nicht bekannt, unter welchen Bedingungen die Datenbankwerte ermittelt wurden. Faktoren, wie die Belastungsart, beispielsweise Zug oder Biegung, aber auch der Kristallisationsgrad des Materials haben hierbei einen Einfluss auf die Ergebnisse. Auch andere Faktoren, wie die Prüffrequenz oder die Feuchtigkeit des Materials, beeinflussen die Prüfergebnisse. Vor der Prüfung wurde die Probe in Stickstoff bei 40 °C für 10 Stunden getrocknet. Dennoch scheint es, dass in der Probe zum Prüfzeitpunkt Restfeuchtigkeit vorhanden ist. Hierauf deutet der erneute Anstieg der Steifigkeit bei etwa 90 °C hin. Aus diesem Grund werden nur die Messdaten unterhalb dieses Effekts in das Simulationsmodell überführt. Der nicht berücksichtige Messdatenbereich ist in Abbildung 5.7 gestrichelt dargestellt.

5.3 Ermittlung und Untersuchung der PBT-GF30 Materialparameter

In Kapitel 5.2 werden die Materialeigenschaften des PBT Materials gezielt untersucht und den Datenbankwerten zur Diskussion gegenübergestellt. Der Einfluss der Anpassungen auf Schwindung und Verzug ist in Kapitel 6 dargestellt. In diesem Abschnitt werden ergänzende Untersuchungen am PBT-GF30 Material durchgeführt. Hierbei werden Materialparameter betrachtet, die exklusiv bei verstärkten Kunststoffen zu tragen kommen:

- Richtungsabhängige Wärmeausdehnungskoeffizienten

- Fasergeometrie und -orientierung

- Richtungsabhängige elastische Eigenschaften

Da die Elastizitätsmoduln für das PBT-GF30 bereits temperaturabhängig hinterlegt sind (siehe Abbildung 5.8), werden diese nicht erneut vermessen und den Datenbankwerten gegenübergestellt. Dies gilt auch für die spezifische Wärmekapazität (siehe Abbildung 5.9), welche für die Ermittlung der Fließgrenztemperatur genutzt werden kann.

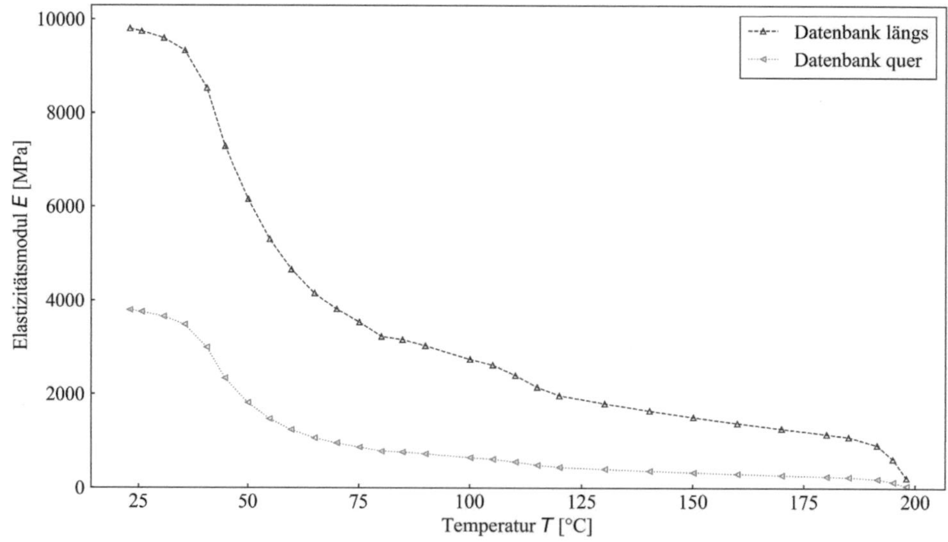

Abbildung 5.8   Temperaturabhängiger Elastizitätsmodul des PBT-GF30 Materials (Materialdaten aus [72])

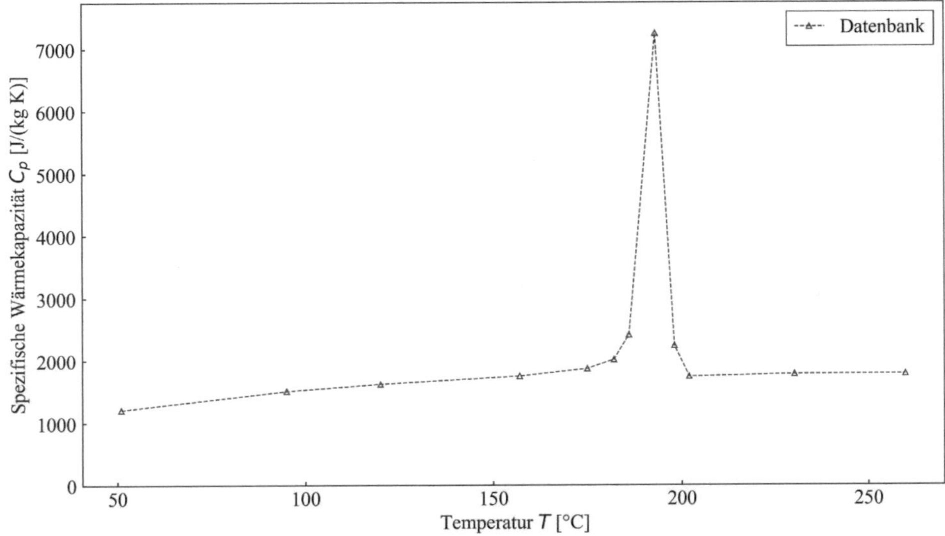

Abbildung 5.9 Spezifische Wärmekapazität des PBT-GF30 Materials (Materialdaten aus [72])

Die Wärmeausdehnungskoeffizienten sind bei diesem Material lediglich skalar und folglich temperaturunabhängig definiert, weshalb diese Werte experimentell ermittelt werden. Für die Fasergeometrie liegen keine materialspezifischen Informationen vor. Die Software greift hierbei auf Standardparameter zurück. Die in Kapitel 3.5 dargestellten experimentellen Faserstrukturuntersuchungen mittels CT dienen als Basis für die Anpassungen der Faserorientierungsberechnung. Die beschriebenen Variationen werden in den folgenden faktoriellen Versuchsplan überführt (Tabelle 5.6). Dieser besitzt eine Auflösung von IV, wodurch die Haupteffekte von Zwei-Faktor-Wechselwirkungen unterschieden werden können.

Tabelle 5.6 Variation der Materialparameter des PBT-GF30 Materials

Simulation	$\alpha_\parallel$	$\alpha_\perp$	FO
1	DB	DB	DB
2	M	DB	DB
3	DB	M	DB
4	M	M	DB
5	DB	DB	M
6	M	DB	M
7	DB	M	M
8	M	M	M

Hierbei werden die Wärmeausdehnungskoeffizienten $\alpha_\parallel$, $\alpha_\perp$, sowie die Parameter zur Berechnung der Faserorientierung FO variiert. Da in CADMOULD® das Längen/Durchmesser-Verhältnis (L/D-Verhältnis) vorgegeben ist, kann deren Einfluss nicht bewertet werden.

5.3.1 Richtungsabhängige Wärmeausdehnungskoeffizienten

Für die Ermittlung der richtungsabhängigen Wärmeausdehnungskoeffizienten α kommt ein Quarzglas-Rohr Dilatometer zum Einsatz. Hierbei wird der Probekörper in das Quarzglas-Rohr eingesetzt und dieses in ein Temperierbad eingetaucht. Im Zuge der Messung wird eine definierte Aufheizrampe von 0,3 K/min gefahren und die Längenänderung mithilfe eines Wegaufnehmers, welcher auf der Probe aufliegt, kontinuierlich ermittelt.

Um Einflüsse von Spannungen und Feuchtigkeitseffekte zu verhindern, wird vor den eigentlichen Messungen eine Temperaturrampe komplett abgefahren und anschließend zwei Wiederholungsmessungen durchgeführt, welche zur Auswertung herangezogen werden. Die aufgezeichneten Temperatur- T und Längenwerte L der Einzelmessungen werden anschließend gemittelt und für die Ermittlung des Wärmeausdehnungskoeffizienten α verwendet.

Die Berechnung erfolgt nach

$$\alpha(T_1, T_2) = \frac{1}{L_0} \cdot \frac{L_2 - L_1}{T_2 - T_1} \bigg|_p. \tag{5.3}$$

Die Rohdaten der Einzelmessungen, sowie die Verläufe der Temperaturrampen sind im Anhang A.2 zu finden. Die Proben werden aus einem speziellen Probekörper extrahiert, welcher eine annähernd unidirektionale Faserstruktur aufweist (siehe Abbildung 5.10) [127]. Hierdurch ist es möglich, den Wärmeausdehnungskoeffizienten in Faserrichtung und quer zu ermitteln. Die Ergebnisse der Faserstrukturanalyse des Probekörpers sind in Abbildung 5.11 dargestellt. Der Verlauf der Tensorkomponente A_{yy} zeigt die ausgeprägte Orientierung der Fasern in Fließrichtung von über 80 %. Lediglich in der Mittelschicht ist ein reduzierter Orientierungsgrad erkennbar, wobei hier weiterhin die Fasern primär in diese Richtung orientiert sind.

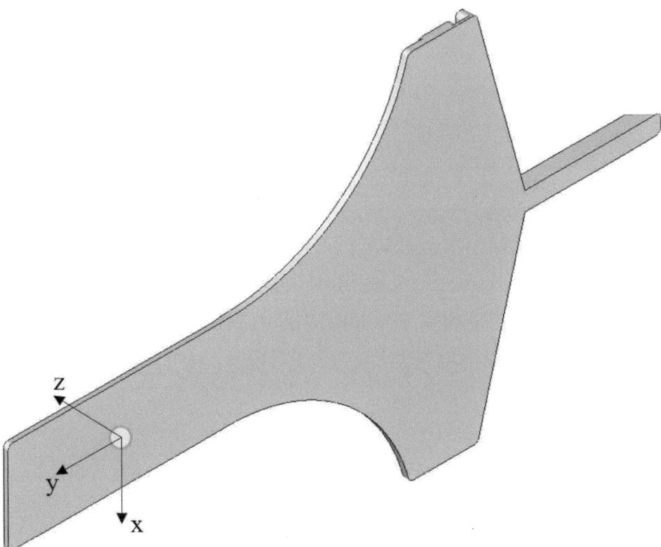

Abbildung 5.10   Proben-Entnahmeposition für Faserstrukturanalyse am Stabprobekörper

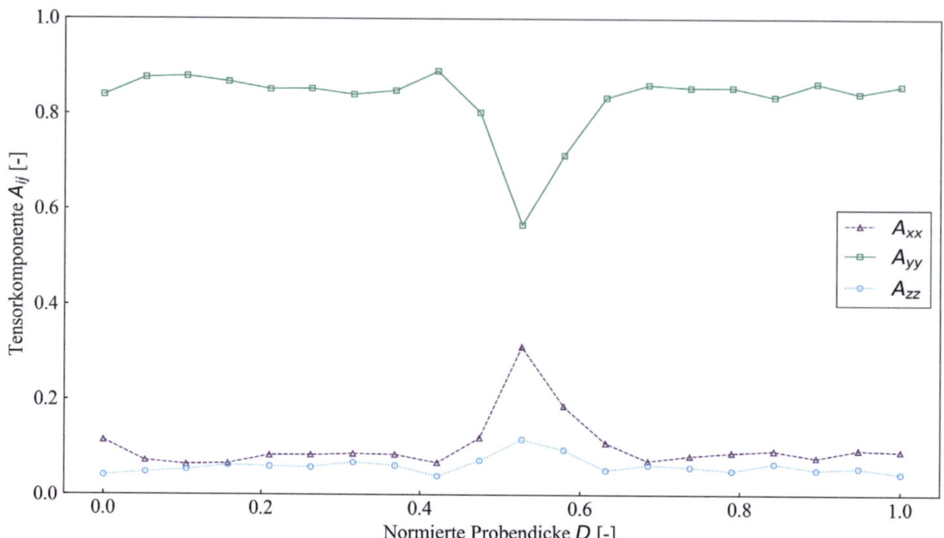

Abbildung 5.11   Hauptkomponenten des Faserorientierungstensors zweiter Stufe im Stabprobekörper

Abbildung 5.12 zeigt die Ergebnisse der α-Messungen. In Abbildung 5.12 (a) dargestellt sind die mittleren Längenausdehnungen ΔL aus jeweils zwei aufeinander folgenden Heizrampen. Abbildung 5.12 (b) zeigt die hieraus berechneten Wärmeausdehnungskoeffizienten. Um die Oszillationen aus den Ergebnissen zu entfernen und stetige Kurven zu erzeugen, werden die Daten mithilfe eines Polynoms angenähert. Da die Längenänderung über die Messung hinweg leicht variiert, führt dies zu den genannten Schwankungen im Messergebnis.

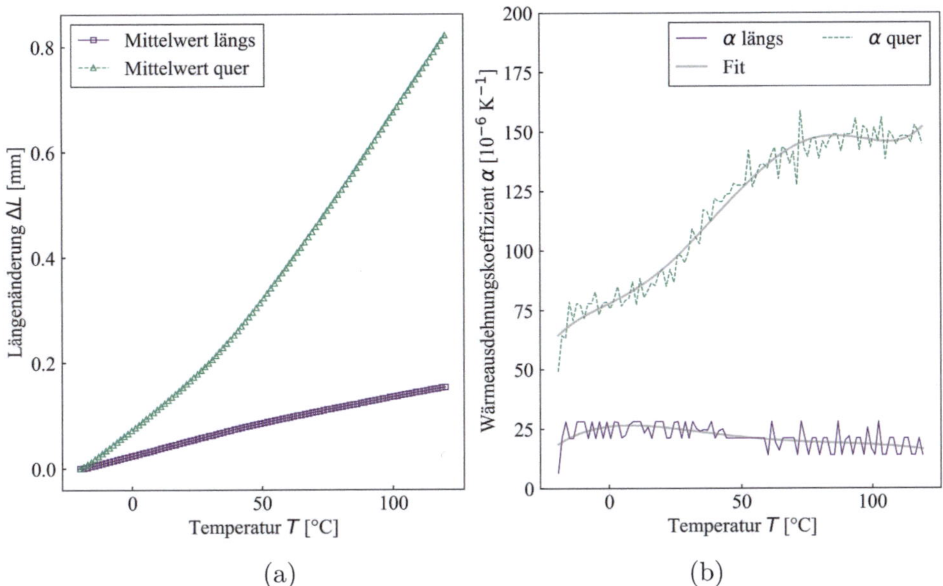

Abbildung 5.12   Ermittlung der richtungsabhängigen Wärmeausdehnungskoeffizienten des PBT-GF30 Materials. (a): Temperaturabhängige Längenausdehnung längs und quer; (b): Temperaturabhängige Wärmeausdehnungskoeffizienten längs und quer

Anhand der Ergebnisse ist das richtungsabhängige Materialverhalten sehr gut erkennbar. In Faserrichtung ist eine sehr geringe Längenänderung zu sehen, bei der die Steigung mit zunehmender Temperatur abnimmt. Dies zeigt sich auch im Wärmeausdehnungskoeffizient, welcher mit zunehmender Temperatur geringfügig abnimmt. Quer zur Faserrichtung ist eine vergleichsweise ausgeprägte Längenänderung erkennbar, was zu einem deutlich höheren Wärmeausdehnungskoeffizienten führt. Zudem zeigt sich, dass die Längenänderung mit zunehmender Temperatur nicht konstant ansteigt. Dies ist auf den Phasenübergang zurückzuführen. Unterhalb des Glasübergangs ist die Längenänderung geringer als bei höheren Temperaturen. Sobald die amorphen Bereiche erweichen, nimmt die Längenänderung deutlich zu, dies deckt sich mit der Literatur [115, 128]. Der weitere Verlauf oberhalb des Glasübergangs hängt stark vom Kristallisationsgrad des Materials ab [115, 116].

In Kapitel 2.3.2.9 wird beschrieben, dass für unverstärkte Materialien und bei verstärkten Materialien quer zur Faserrichtung der Wärmeausdehnungskoeffizient aus den pvT-Daten ermittelt werden kann. Abbildung 5.13 stellt die α-Werte aus der Dilatometer-Messung den berechneten Werten aus den pvT-Datenbankdaten [72], sowie denen aus dem Materialdatenblatt [119]) gegenüber.

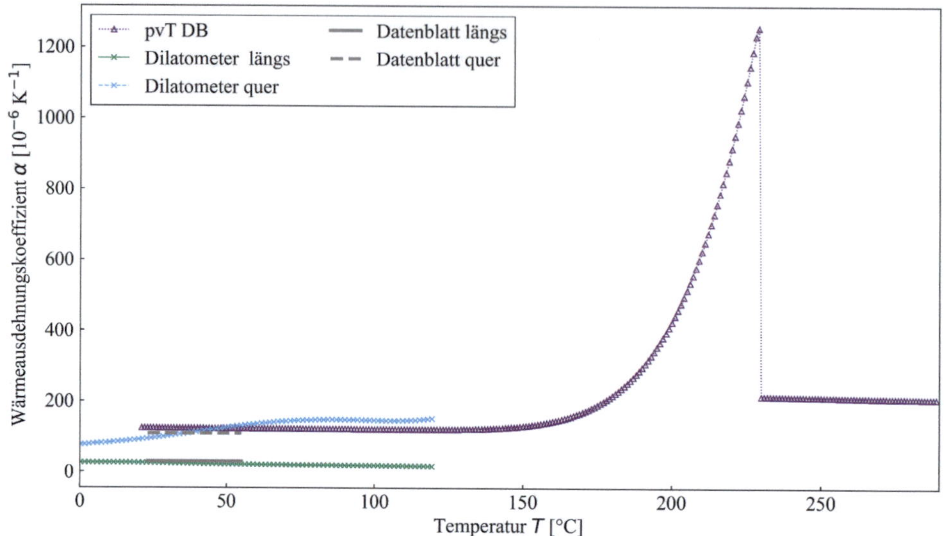

Abbildung 5.13 Vergleich der Wärmeausdehnungskoeffizienten des PBT-GF30 Materials aus Dilato-metermessung, pvT-Daten und Datenblatt

Im Bereich in dem alle Datensätze vorliegen, zeigt sich über annähernd den gesamten Temperaturbereich der größte α-Wert bei der Dilatometermessung quer. Aufgrund des gewählten Probekörpers ist hierbei nur ein sehr geringer Fasereinfluss erkennbar, da die Fasern fast ausschließlich in Längsrichtung orientiert sind. Ebenso ist kaum eine Temperaturabhängigkeit erkennbar. Bei der pvT-Messung ist der Wert aufgrund einer gleichmäßigeren Verteilung der Glasfasern bei dieser Messung etwas geringer, als bei der Dilatometermessung quer. Der Unterschied ist jedoch nicht so ausgeprägt, weshalb die Verwendung der pvT-Daten in Querrichtung bei CADMOULD® eine zulässige Annahme ist. Dies gilt insbesondere, da hierbei die Daten für einen größeren Temperaturbereich vorliegen und der Unterschied des thermischen Ausdehnungskoeffizienten zwischen Schmelze und Feststoff berücksichtigt wird. Der Datenblatt quer Wert liegt sehr nahe an den Daten der pvT-Werte bzw. bildet im Mittel die Dilatometer quer Daten ab. Der Längswert aus dem Datenblatt liegt fast deckungsgleich auf der Dilatometer-Längsmessung.

5.3.2 Fasergeometrie und -orientierung

Für die Bewertung und Optimierung der Faserorientierungsmessung werden die experimentellen Daten aus Kapitel 3.5.1 genutzt. Obwohl das L/D-Verhältnis der Glasfasern in CADMOULD® nicht angepasst werden kann, werden die experimentellen Ergebnisse ausgewertet und mit der Literatur verglichen. Für die Ermittlung des L/D-Verhältnisses der Fasern werden die Mittelwerte der Faserlängen und -dicken aus der der Faserstrukturanalysen herangezogen und hieraus die arithmetischen Mittelwerte berechnet. Die mittlere Faserlänge aller Messungen beträgt etwa 202 μm, die mittlere Faserdicke etwa 12,1 μm, woraus sich ein mittleres L/D-Verhältnis von etwa 17 ergibt. Nachfolgend ist die in Kapitel 3.5.1 bereits aufgezeigte Abbildung der Faserlängen- und Dickenverteilung in angepasster Form dargestellt (siehe Abbildung 5.14). Hierbei ist der sich aus allen drei Messungen ergebende Mittelwert abgebildet.

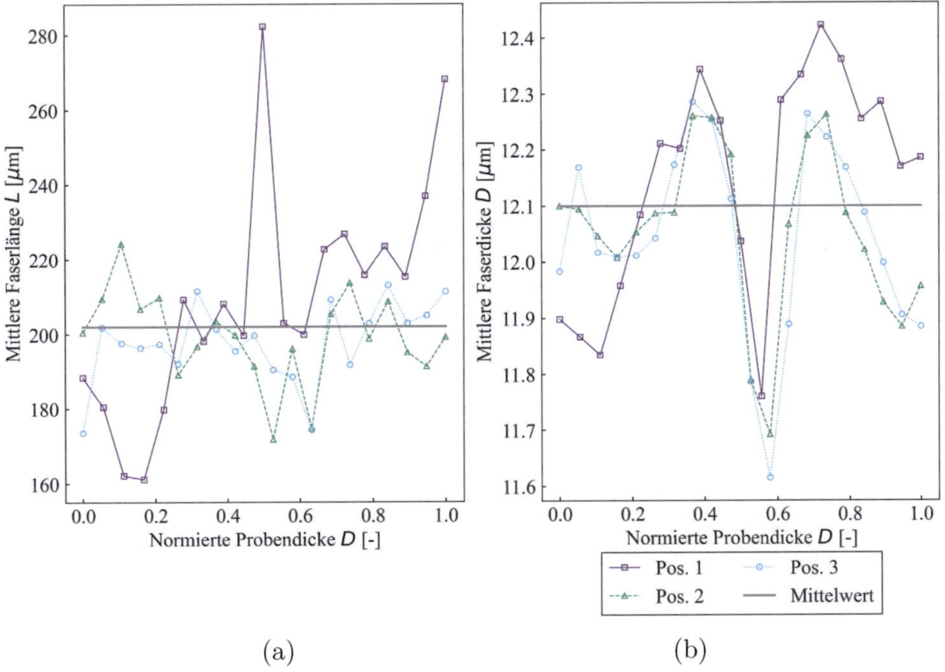

(a)   (b)

Abbildung 5.14 Schichtweise Darstellung der Faserlängen- (a) und -dickenverteilung (b)

In der Literatur werden für das L/D-Verhältnis von Glasfasern Anhaltswerte im Bereich von 20-40 genannt [112]. Der Einfluss dieses Faktors auf die Faserorientierung und folglich Schwindung und Verzug ist implizit in den phänomenologischen Parametern der Faserorientierungsberechnung enthalten, deren Optimierung im Folgenden beschrieben wird.

Da die Faserstruktur im Kastenformteil an allen Positionen sehr ähnlich ist (siehe Kapitel 3.5.1), wird die Optimierung nur an einer Position (Position 1) durchgeführt. Hierzu werden die Modellparameter α_K, α_R und β_R des Berechnungsmodells in CADMOULD® angepasst. Hierbei beschreibt α_K den Ausrichtungsfaktor in der Mittelschicht, α_R den Ausrichtungsfaktor in den Randbereichen und β_R einen Geschwindigkeitsfaktor [129]. Mithilfe der Ausrichtungsfaktoren α_K und α_R kann die maximale Orientierung in diesen Bereichen begrenzt werden, diese besitzen in den Standardeinstellungen einen Wert von 0,92. β_R, welcher die Ausrichtungsgeschwindigkeit der Fasern beschreibt, besitzt einen Standardwert von 0,15.

Die Darstellung der lokalen Faserstruktur erfolgt in CADMOULD® üblicherweise qualitativ über die Falschfarbendarstellung der Orientierungsverteilung (siehe Abbildung 5.15). Die Farbskala zeigt hierbei den Grad der Orientierung auf: In Bereichen blauer Elemente (0) liegt eine regellosen Faserverteilung vor, in roten Bereichen (1) sind die Fasern unidirektional orientiert.

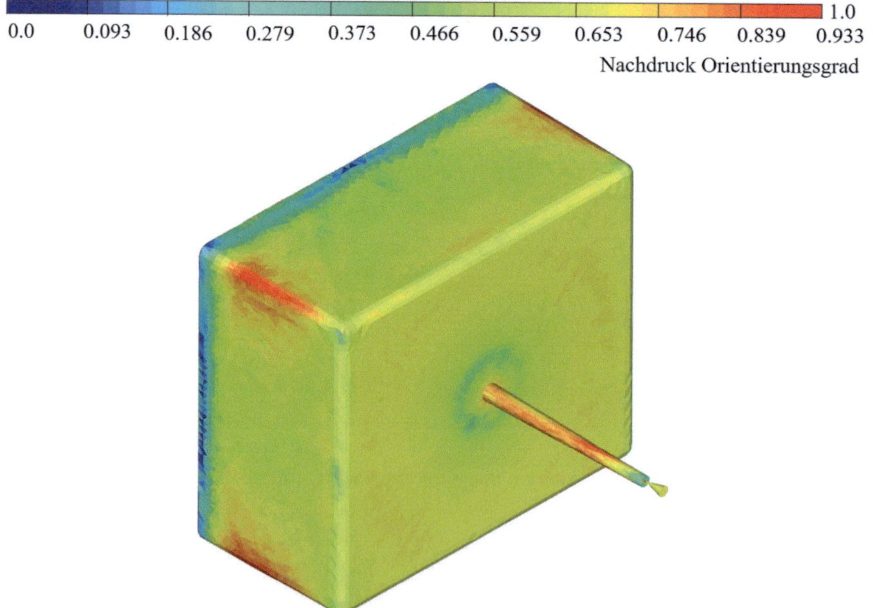

Abbildung 5.15   Qualitative Darstellung der simulierten Orientierungsverteilung im Kastenformteil

Dies ist ein praktikabler Weg, um sich einen Überblick über die Orientierungs-verteilung zu verschaffen. Für eine möglichst präzise Auswertung einer Position ist dies jedoch nicht ausreichend. CADMOULD® erlaubt Ergebnisse, welche in den sogenannten CAR-Dateien (CADMOULD Any Result) abgelegt sind, in ein Text-format umzuwandeln und diese außerhalb der Software auszuwerten. In den Ergeb-nisdateien mit der Kennung „105" liegt der Orientierungstensor zweiter Stufe für jedes Element für die Füllphase vor. In den Dateien mit der Kennung „115" liegt dieser für die Nachdruckphase vor. Zweitgenannte Daten werden für die Unter-suchungen genutzt. Entscheidend hierbei ist, dass der Tensor sich jeweils auf das lokale Koordinatensystem des Elements bezieht, welches in der Regel nicht mit dem globalen Bauteilkoordinatensystem übereinstimmt. Mithilfe einer Hauptach-sentransformation werden die Eigenwerte λ_i und die zugehörigen Eigenvektoren e_i des Orientierungstensors ermittelt. Die Eigenvektoren beschreiben die drei Haupt-orientierungsrichtungen. Die Eigenwerte beschreiben die Länge jedes Eigenvektors, woraus sich der Orientierungsgrad ergibt. Weitere Details sind in Kapitel 2.2.2.3.1 beschrieben. In Abbildung 5.16 sind die experimentellen und simulierten Ergebnisse dargestellt.

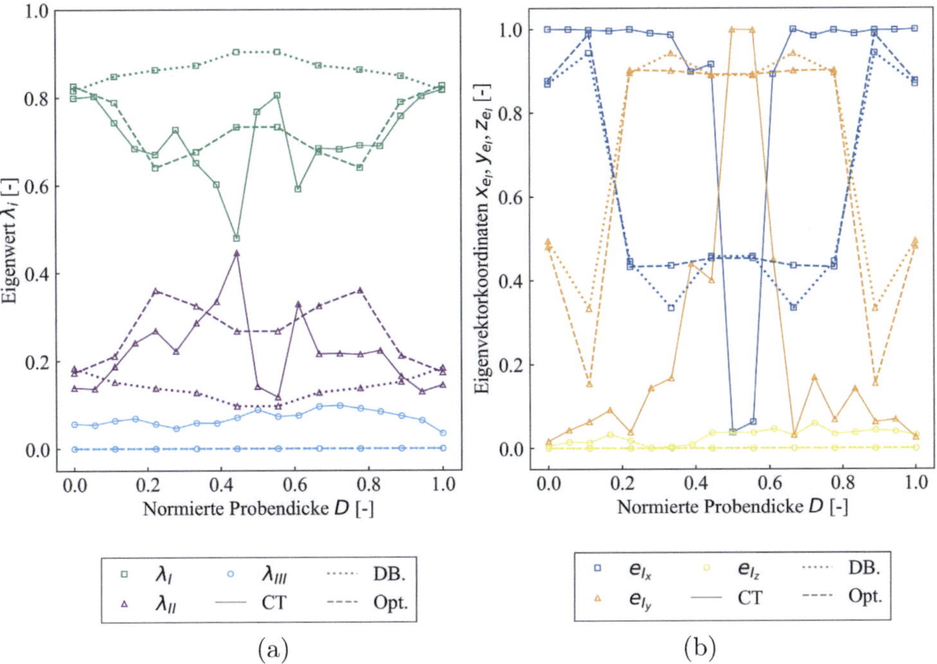

Abbildung 5.16 Vergleich der experimentell ermittelten und simulierten lokalen Faserstruktur im Kastenformteil an Position 1. (a): Eigenwerte; (b): Eigenvektorkomponenten des größten Eigenwertes

In Abbildung 5.16 (a) sind die drei Eigenwerte λ_I, λ_{II} und λ_{III} über die normierte Probendicke D aufgetragen. Diese sind nach ihrer Größe aufgetragen, die Richtung ist hierbei zunächst nicht berücksichtigt. Dargestellt sind die experimentellen CT-Ergebnisse (CT), sowie die Ergebnisse aus der Simulation mit Standardparametern (DB) und den optimierten Werten (Opt.). Im Experiment zeigt sich für λ_I zunächst in den Randbereichen eine ausgeprägte Orientierung, welche zur Mitte hin zunächst abnimmt und im Inneren wieder steigt. Ein genau umgedrehter Trend ist hier für λ_{II} erkennbar. Der dritte Eigenwert λ_{III} ist annähernd konstant. In der Simulation mit Standardparametern ist ein gegenteiliger Trend für λ_I erkennbar. Zwar ist generell der Orientierungsgrad sehr hoch, jedoch steigt dieser zudem konsequent bis hin zur Mitte. Für λ_{II} zeigt sich auch hier ein umgekehrter Verlauf. λ_{III} ist aufgrund der Definition der Faserorientierung in CADMOULD$^\circledR$ gleich null (siehe Kapitel 2.2.2.3.1). Mithilfe der angepassten Modellparameter ist es möglich, die experimentellen Ergebnisse besser anzunähern. Die Randbereiche von λ_I und λ_{II} können tendenziell gut abgebildet werden, im Kern zeigen sich Abweichungen. Zu ähnlichen Ergebnissen kam auch [129] bei einem Plattenbauteil.

In Abbildung 5.16 (b) sind die λ_I zugehörigen Eigenvektorkomponenten über die normierte Probendicke D aufgetragen. Diese Information erlaubt nur die Ermittlung der Hauptorientierungsrichtung. Die experimentellen Ergebnisse zeigen, dass die Hauptorientierungsrichtung annähernd unverändert bleibt, außer in der schmalen Kernschicht. Qualitativ zeigen die Simulationen hier ähnliche Trends, wobei die quer orientierte Mittelschicht deutlich breiter ist als im Experiment. Die Parameteranpassungen der Simulation führen hierbei zu keiner verbesserten Vorhersage. Die finalen Modellparameter der Optimierung sind in Tabelle 5.7 aufgeführt.

Tabelle 5.7 Optimierung der Berechnungsparameter der Faserorientierungsberechnung des PBT-GF30 Materials

Parameter	Wert (initial)	Wert (final)
α_K	0,92	0,85
α_R	0,92	0,85
β_R	0,15	0,025

Der Einfluss der Parameteranpassungen auf Schwindung und Verzug ist in Kapitel 6.3 dargestellt.

5.4 Ermittlung und Untersuchung der PS Materialparameter

In Kapitel 5.2 werden die Materialeigenschaften des PBT Materials gezielt untersucht und den Datenbankwerten zur Diskussion gegenübergestellt. Der Einfluss der Anpassungen auf Schwindung und Verzug wird in Kapitel 6.4 dargestellt. In diesem Abschnitt werden, basierend auf den gesammelten Erkenntnissen, Untersuchungen durchgeführt. Die Materialuntersuchungen des PBT (siehe Kapitel 6.2) zeigen, dass der größte Einfluss von der Fließgrenztemperatur ausgeht, welche wiederum aus der Messung der spezifischen Wärmekapazität abgeleitet werden kann. Zudem kann ein großer Einfluss vom Elastizitätsmodul gesehen werden. Aus diesem Grund werden entsprechende Materialparameter des PS Materials im folgenden betrachtet. Die Wärmeübergangskoeffizienten werden nicht verändert, da die Simulationen den Druckverlauf gut abbilden (siehe Kapitel 4.1.3).

Abbildung 5.17 zeigt den in der Materialdatenbank [72] hinterlegten, temperaturabhängigen Elastizitätsmodul.

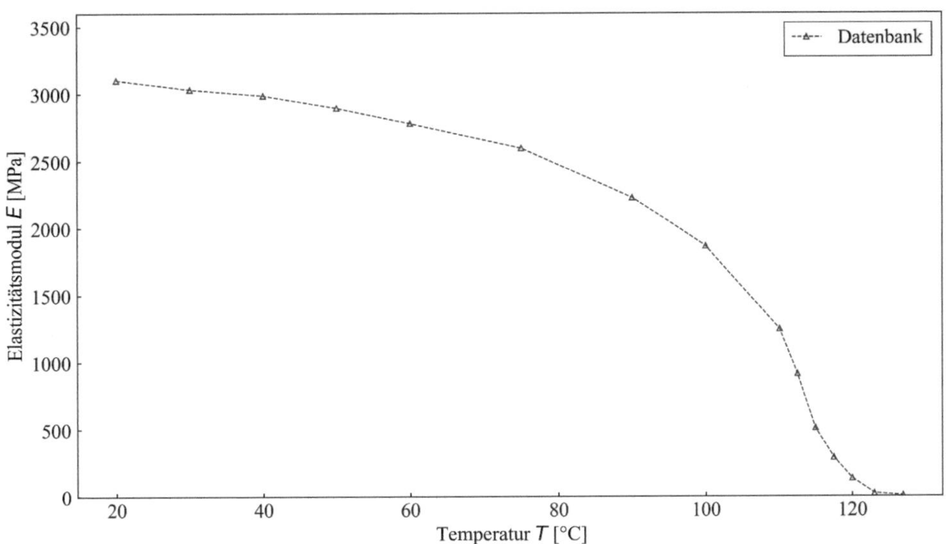

Abbildung 5.17 Temperaturabhängiger Elastizitätsmodul des PS Materials (Materialdaten aus [72])

Die Datenwerte zeigen eine gute Abbildung des temperaturabhängigen Verlaufs über den gesamten Temperaturbereich hinweg. Dies lässt einen adäquat ermittelten Datensatz vermuten, weshalb hier von einer Messung abgesehen wird. Abbildung 5.18 zeigt den Verlauf der in der Datenbank [72] hinterlegten spezifischen Wärmekapazität.

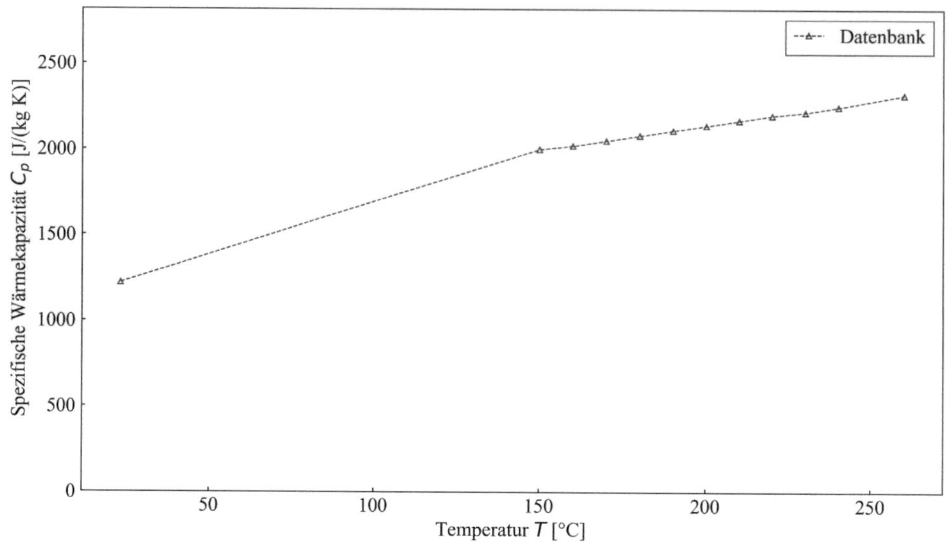

Abbildung 5.18   Spezifische Wärmekapazität des PS Materials (Materialdaten aus [72])

Bei diesem Datensatz fällt auf, dass einige Werte im Temperaturbereich von etwa 20-150 °C fehlen. Dies ist insbesondere als kritisch zu bewerten, da in diesem Bereich der Glasübergang von Polystyrol liegt, siehe [29]. Aus diesem Grund wird dieser Materialparameter experimentell ermittelt und hieraus die Glasübergangs- und Fließgrenztemperatur abgeleitet. Die Messergebnisse sind in Kapitel 5.4.1 dargestellt.

5.4.1 Spezifische Wärmekapazität und Fließgrenztemperatur

Die Messung der spezifischen Wärmekapazität erfolgt nach [124]. Die Ergebnisse sind in Abbildung 5.19 dargestellt.

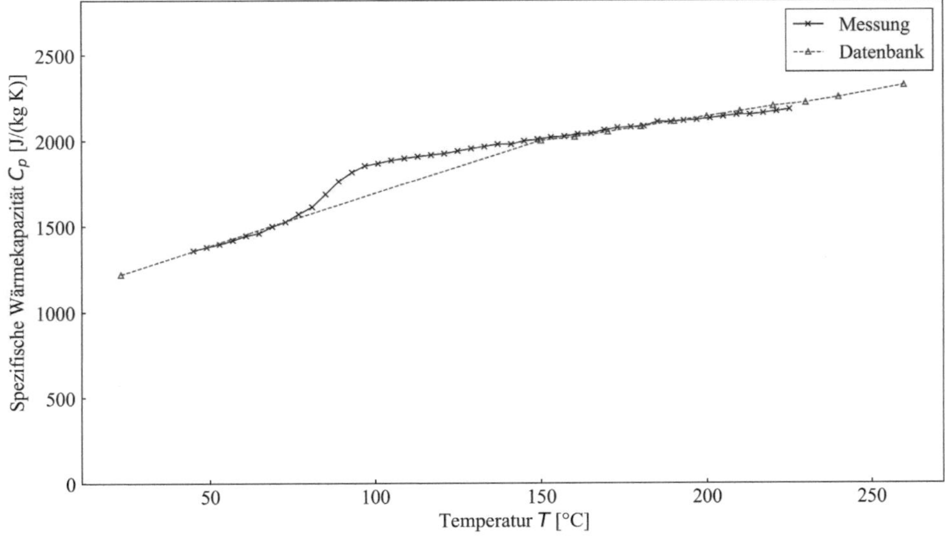

Abbildung 5.19 Vergleich der spezifischen Wärmekapazität des PS Materials (Materialdaten der Datenbankwerte aus [72])

Es ist zu sehen, dass beide Datensätze partiell gute Übereinstimmung zeigen. Dies ist der Fall im Temperaturbereich von 150-225 °C, an dem hinreichend viele Messwerte in der Datenbank hinterlegt sind. Unterhalb von 75 °C ist ebenso eine gute Übereinstimmung zu sehen. Hierzwischen sind deutliche Abweichungen erkennbar.

Abbildung 5.20 zeigt die aus der Messung ermittelte Glasübergangstemperatur. Die Auswertung erfolgt nach [130].

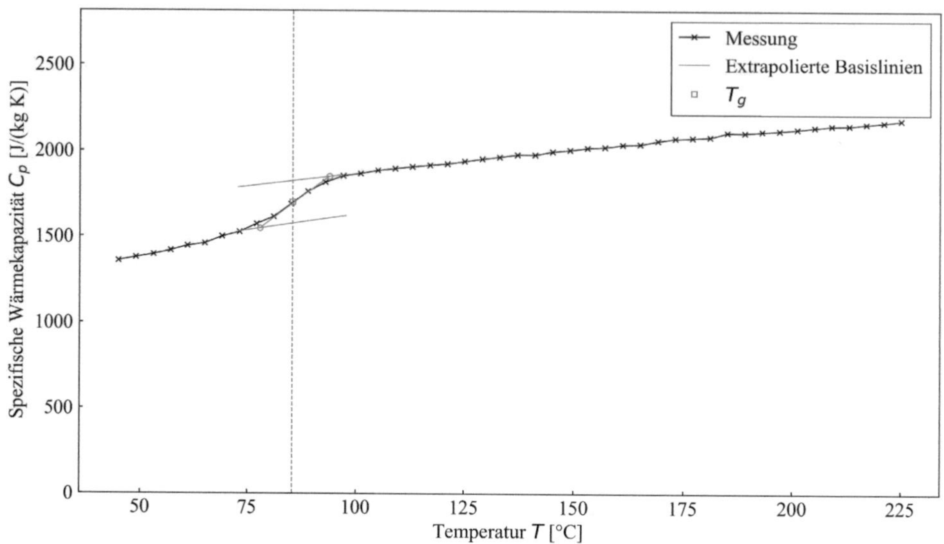

Abbildung 5.20 Ermittlung der Glasübergangstemperatur aus der spezifischen Wärmekapazität des PS Materials

Aus der Auswertung ergibt sich eine Glasübergangstemperatur T_g von 85,5 °C. Gemäß [106, 107] wird zur Ermittlung der Fließgrenztemperatur T_t der Zusammenhang T_g+30 °C angesetzt. Hieraus ergibt sich eine Fließgrenztemperatur von 115,5 °C. In der Datenbank ist ein Wert von 127,0 °C festgelegt. Die ermittelten Materialdaten werden in das Materialmodell der Simulation überführt, die Ergebnisse sind in Kapitel 6.4 dargestellt.

6 Ergebnisdiskussion

Dieses Kapitel zeigt die Ergebnisse aus den in Kapitel 5 durchgeführten Untersuchungen der Spritzgießsimulation. Es werden Schwindung und Verzug, sowie die lokalen Druckverläufe den experimentellen Ergebnissen gegenübergestellt. Weiterhin erfolgt die Darstellung der Variationen in Haupteffektdiagrammen, um auch eine quantitative Aussage über deren Einfluss treffen zu können.

6.1 Untersuchung der Simulationsparameter

6.1.1 Relative Elementgröße

Im Folgenden sind die Ergebnisse der in Kapitel 5.1.1 beschriebenen Variation der relativen Elementgröße dargestellt. Abbildung 6.1 zeigt die simulierten Schwindungs- und Verzugsergebnisse des Versuchs K10 aus Tabelle 3.2.

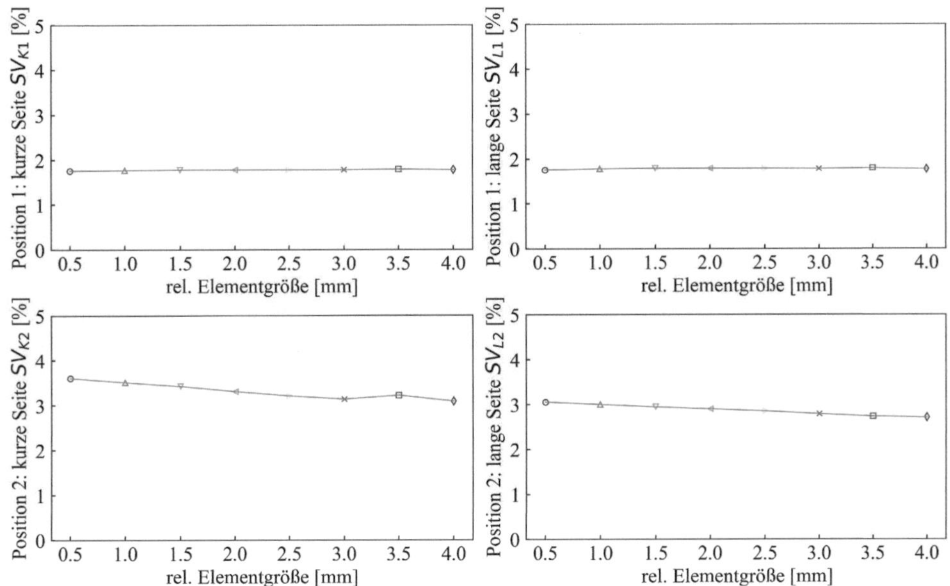

Abbildung 6.1 Einfluss der relativen Elementgröße auf Schwindung und Verzug, am Beispiel des PBT Materials

© Der/die Autor(en), exklusiv lizenziert an
Springer Fachmedien Wiesbaden GmbH, ein Teil von Springer Nature 2024
M. Fornoff, *Beitrag zur optimierten Vorhersage von Schwindungs- und Verzugserscheinungen spritzgegossener Kunststoffbauteile*, Mechanik, Werkstoffe und Konstruktion im Bauwesen 71,
https://doi.org/10.1007/978-3-658-43459-5_6

An den Auswertungspositionen SV_{K1} und SV_{L1} sind keine nennenswerten Unterschiede zu sehen. An den Positionen SV_{K2} und SV_{L2} hingegen zeichnet sich ein Trend ab. Mit zunehmender Elementgröße nehmen Schwindung und Verzug geringfügig ab. In Abbildung 6.2 sind die Ergebnisse des lokalen Druckverlaufs dargestellt.

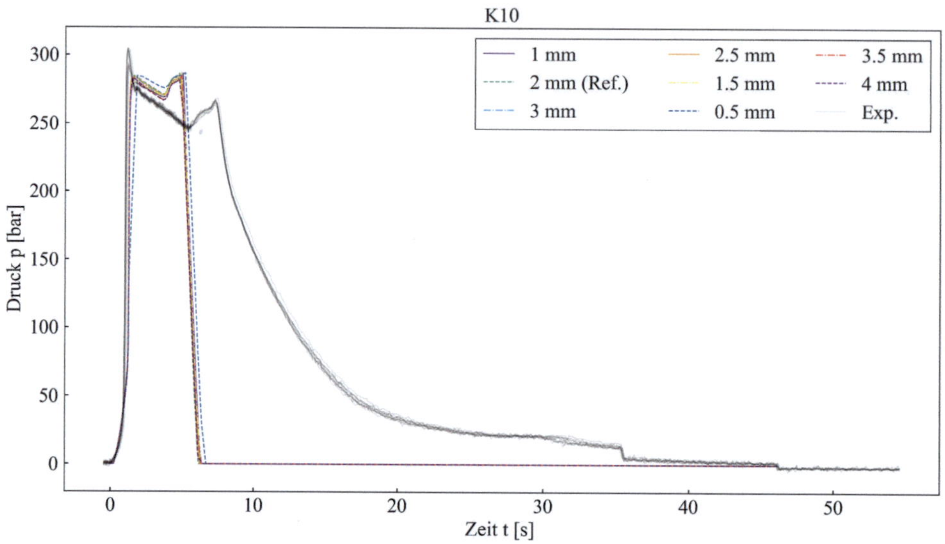

Abbildung 6.2　Einfluss der relativen Elementgröße auf den lokalen Druckverlauf, am Beispiel des PBT Materials

Es zeigen sich bei allen Simulationseinstellungen lediglich geringe Unterschiede. In Tabelle 6.1 sind die Berechnungszeiten in Abhängigkeit der gewählten Elementgröße aufgeführt. Hierbei sei anzumerken, dass die Berechnungszeiten lediglich Orientierungswerte sind und Abweichungen durch anderweitige Systemauslastungen nicht ausgeschlossen werden können. Um diesen Faktoreinfluss zu reduzieren, werden die Simulationen außerhalb üblicher Nutzungszeiten des Berechnungssystems durchgeführt.

Tabelle 6.1 Einfluss der relativen Elementgröße auf die Berechnungsdauer

rel. Elementgröße [mm]	Berechnungsdauer [min]
0.5	1282
1.0	184
1.5	66
2.0	32
2.5	21
3.0	16
3.5	11
4.0	8

Während die Ergebnisse für Schwindung und Verzug (siehe Abbildung 6.1) und des lokalen Druckverlaufs (siehe Abbildung 6.2) überwiegend sehr ähnlich sind, zeigen sich bei den Berechnungszeiten deutliche Unterschiede (siehe Tabelle 6.1). Es zeigt sich, dass die Empfehlung der Software hier zu keinem nennenswerten Verlust in der Prognosegüte führt, während die Berechnungszeit ggü. eines feineren Netzes deutlich geringer ausfällt. Aus diesem Grund wird die empfohlene Elementgröße (2 mm) für folgende Simulationen genutzt.

6.1.2 Wärmeübergangskoeffizient zwischen Polymer und Werkzeug

In Abbildung 6.3 sind die Ergebnisse für Schwindung und Verzug der in Kapitel 5.1.2 beschriebenen Variationen der Wärmeübergangskoeffizienten dargestellt.

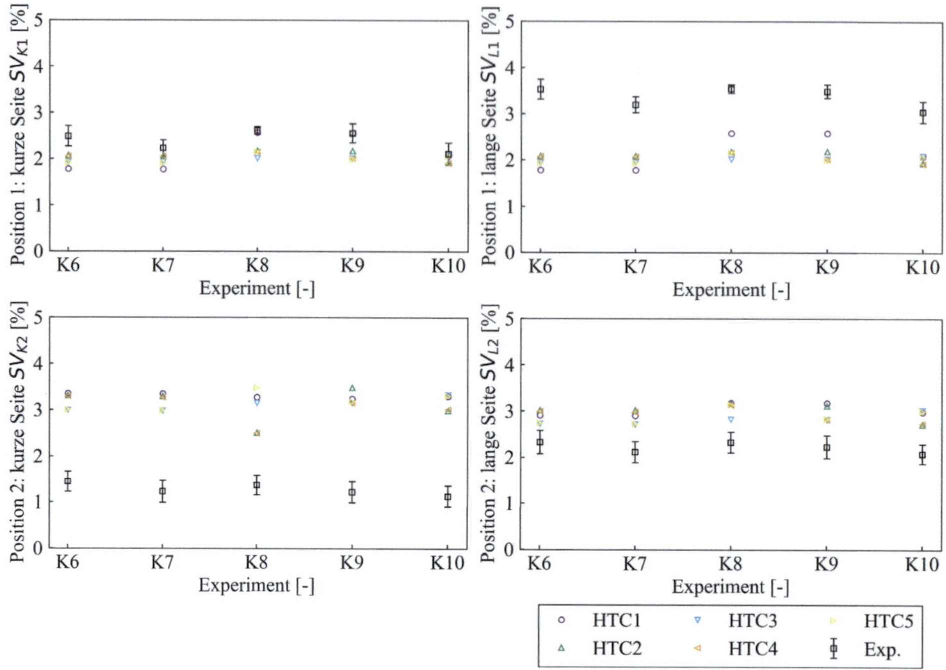

Abbildung 6.3 Einfluss der Wärmeübergangskoeffizienten auf Schwindung und Verzug, am Beispiel des PBT Materials

In der Simulation HTC1, mit den Standardparametern aus CADMOULD®, sind die Wärmeübergangskoeffizenten am kleinsten. Dies führt dazu, dass die Wärme im Vergleich zu den anderen Varianten langsamer abgeführt wird und das Formteil länger schwinden kann. Umgekehrt führen größere Koeffizienten zu einer schnelleren Wärmeabfuhr und geringerer Schwindung. Dieser Trend kann in den Versuchen K8, K9 gesehen werden. Bei dem Zentralversuch K10 liegen die Werte sehr dicht beieinander, wodurch anhand der gezeigten Daten kein eindeutiger Trend definiert werden kann.

Bei K6 und K7 kann dieser Trend an Position SV_{K1} und SV_{L1} nicht gezeigt werden. Bei den Versuchen K8 und K9 ist die Werkzeugtemperatur am höchsten. Dies lässt anhand der gezeigten Ergebnisse vermuten, dass der Einfluss der Wärmeübergangskoeffizienten mit steigender Werkzeugtemperatur zunimmt. In Kapitel 2.2.3.1 ist beschrieben, dass eine höhere Werkzeugtemperatur allgemein zu einer Steigerung des Schwindungspotentials führt. Dieser Effekt scheint hierdurch deutlich verstärkt zu werden. In Abbildung 6.4 sind die zugehörigen lokalen Druckverläufe zu sehen.

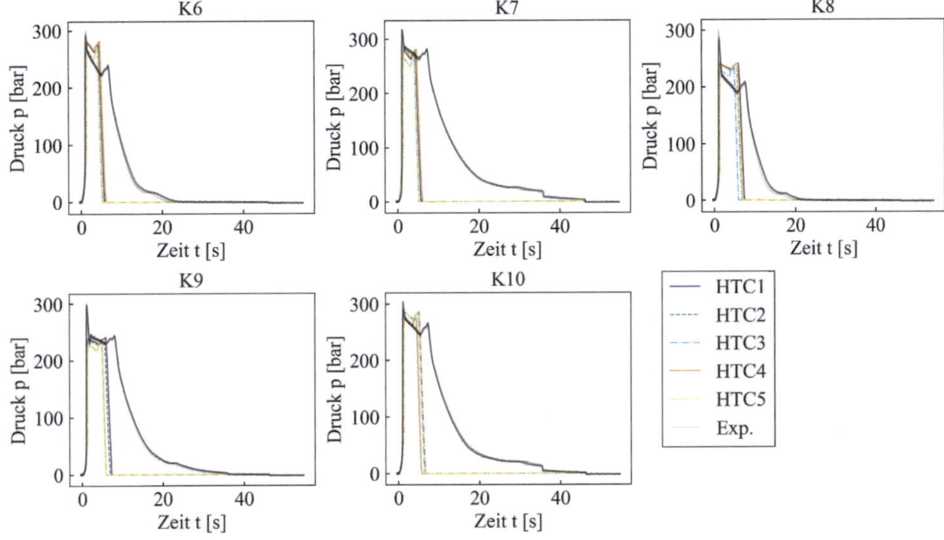

Abbildung 6.4 Einfluss der Wärmeübergangskoeffizienten auf den lokalen Druckverlauf, am Beispiel des PBT Materials

Auch hier zeigt sich tendenziell der oben genannte Zusammenhang. Simulation HTC1 mit den kleinsten Koeffizienten führt zu längeren Einfrierzeiten, als Simulationen mit größeren Werten. Es zeigt sich aber auch, dass der Trend nicht bei allen Simulationen eindeutig zutrifft und dass keine Variante das experimentell gezeigte Abkühlverhalten hinreichend abbilden kann.

6.1.3 Statistische Bewertung der Simulationsparameter

Die bisher dargestellten qualitativen Ergebnisse basieren auf dem in Tabelle 5.3 gezeigten reduzierten Versuchsplan. Ergänzend hierzu zeigt Abbildung 6.5 die Darstellung in Haupteffektediagrammen. Diese sind aus den Ergebnissen des vollfaktoriellen Versuchsplans (siehe Tabelle 5.2) für Versuch K10 abgeleitet.

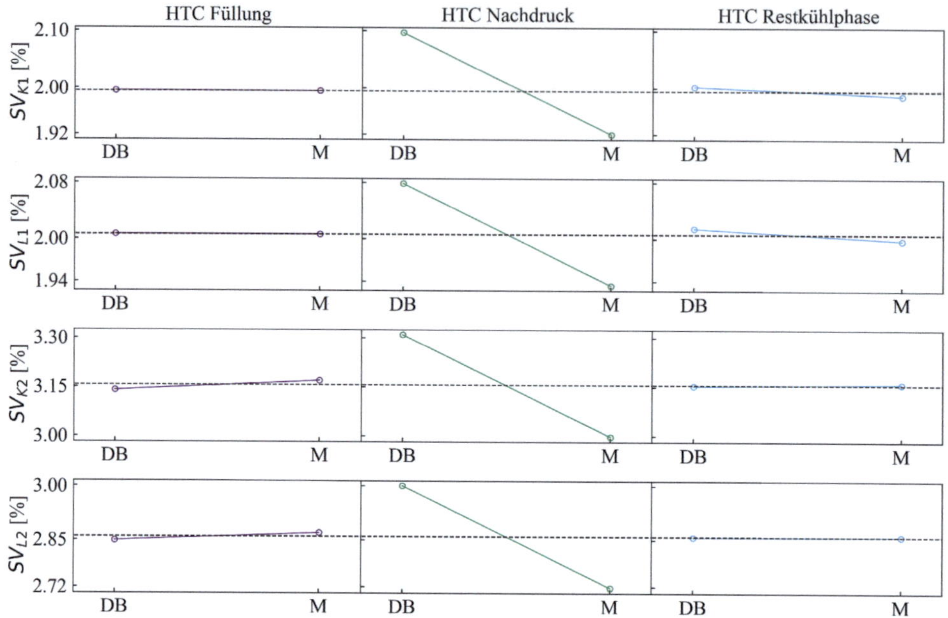

Abbildung 6.5 Haupteffektediagramme für Schwindung und Verzug in Abhängigkeit der Wärmeübergangskoeffizienten, am Beispiel des PBT Materials

Dargestellt sind die Werte, die sich aus der jeweiligen Faktorstufe ergeben. Wenn eine der Geraden parallel zur X-Achse verläuft, ist kein Effekt vorhanden. Umgekehrt bedeutet ein nicht horizontaler Verlauf, dass ein Effekt vorhanden ist. Je größer die Steigung, desto größer ist der Effekt. Das absolute Ausmaß des Effekts kann an der Y-Achse des jeweiligen Diagramms abgelesen werden.

Es zeigt sich, dass der Einfluss jedes Faktors an jeder Auswertungsposition annähernd identisch ist. Die Koeffizienten für die Füllung und Restkühlphase haben nur einen sehr geringen Einfluss. Der Wärmeübergangskoeffizient der Nachdruckphase besitzt hingegen einen vergleichsweise großen Einfluss. Dies zeigt, dass die thermischen Vorgänge in der Nachdruckphase entscheidend für Schwindung und Verzug sind, während die Vorgänge in der Füll- und Restkühlphase nur einen untergeordneten Einfluss haben. Der ausgeprägte Einfluss zeigt außerdem, dass lokal variierende Wärmeübergange zu einem unterschiedlichen Schwindungspotential führen. Solche Effekte können jedoch von der Simulation derzeit nicht erfasst werden.

6.2 Untersuchung der Materialparameter des PBT Materials

Im Folgenden wird der Einfluss der in Tabelle 5.5 gezeigten Variationen der Materialparameter dargestellt.

6.2.1 Spezifisches Volumen

Abbildung 6.6 zeigt die Ergebnisse für Schwindung und Verzug in Abhängigkeit der pvT-Daten.

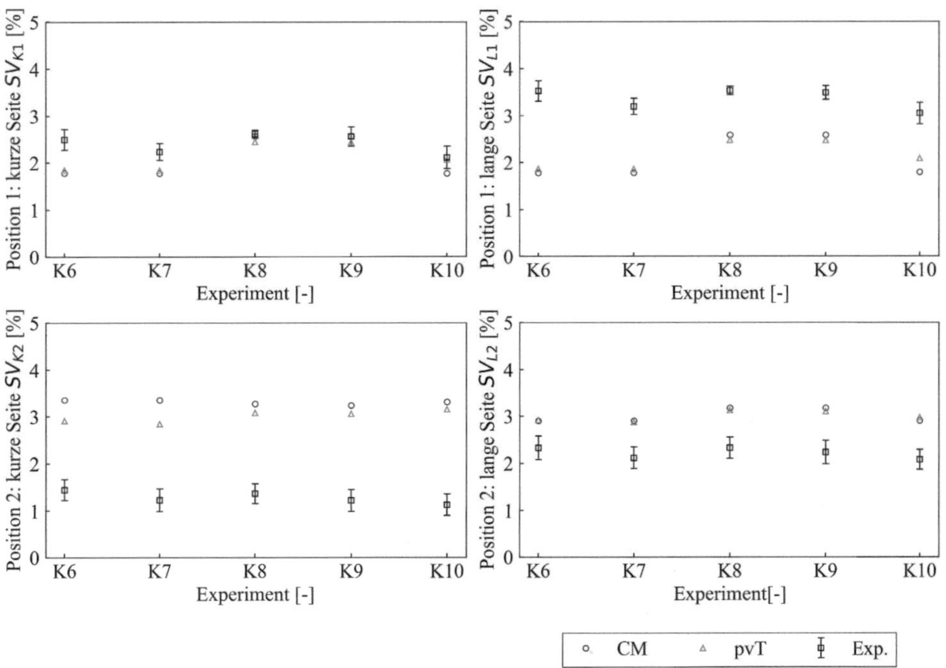

Abbildung 6.6 Einfluss der pvT-Daten des PBT Materials auf Schwindung und Verzug

Es ist zu sehen, dass die Ergebnisse großteils sehr ähnlich sind. An Position SV_{K2} sind die Effekte am größten. Generell ist eine Reduktion von Schwindung und Verzug erkennbar, bis auf einige Ausnahmen.

In Abbildung 6.7 sind die zugehörigen Druckverläufe dargestellt.

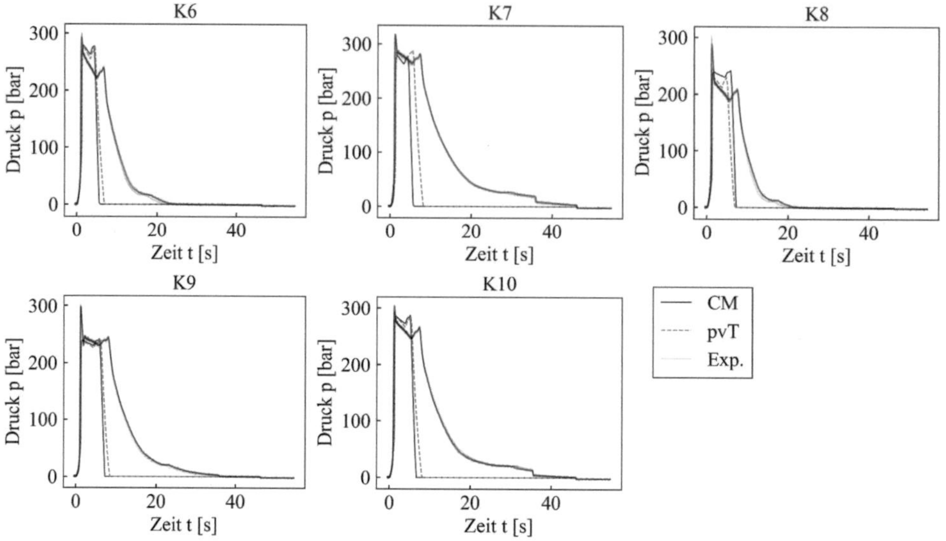

Abbildung 6.7   Einfluss der pvT-Daten des PBT Materials auf den lokalen Druckverlauf

Bei allen Versuchseinstellungen, außer K3, zeigen sich längere Einfrierzeiten. Ein Grund hierfür ist nicht unmittelbar ersichtlich. Möglich sind Wechselwirkungen mit anderen Faktoren.

6.2.2 Thermische Materialdaten

In Abbildung 6.8 ist der Einfluss der thermischen Materialdaten auf Schwindung und Verzug dargestellt. In den Simulationen „WLF C_p" werden die gemessene spezifische Wärmekapazität und die Wärmeleitfähigkeit berücksichtigt. In einer separaten Simulation „WLF C_p T_t T_e" sind außerdem die Fließgrenz- und Entformungstemperatur ergänzt.

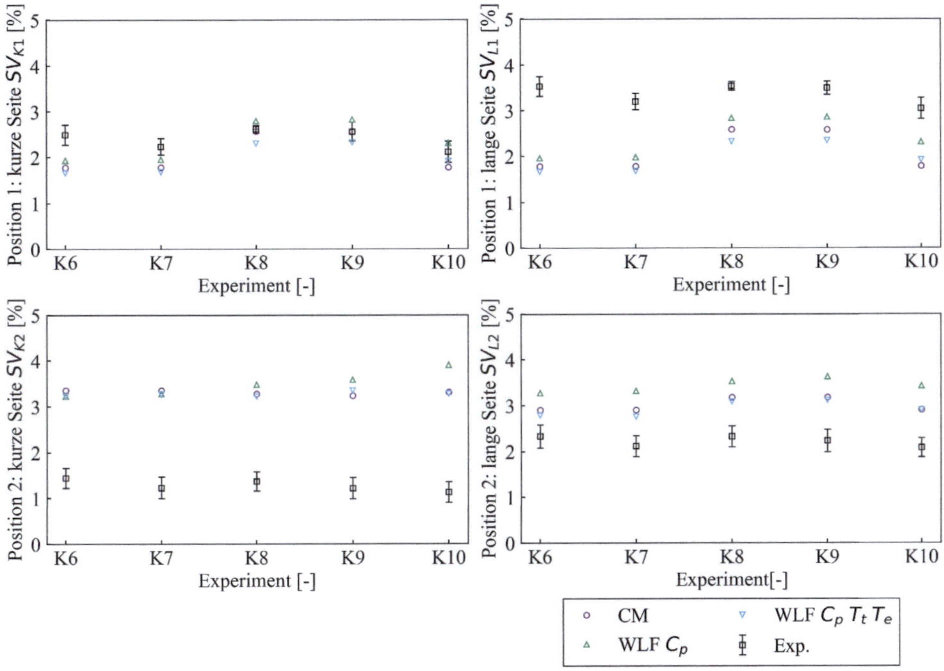

Abbildung 6.8 Einfluss der spezifischen Wärmekapazität, Wärmeleitfähigkeit, sowie der Fließgrenz- und Entformungstemperatur des PBT Materials auf Schwindung und Verzug

Bevor die Werte verglichen werden, zunächst eine kurze Zusammenfassung zur Ermittlung dieser Materialdaten:

Die gemessene Wärmeleitfähigkeit ist höher als der Datenbankwert (siehe Kapitel 5.2.1.1). Dies führt zu einer größeren Temperaturleitfähigkeit (siehe Kapitel 2.3.2.4). Hieraus folgt eine schnellere Abfuhr der Wärme aus dem Polymer und folglich eine geringere Schwindung. Im Vergleich zum Datenbankwert ist die spezifische Wärmekapazität höher im Schmelze-, aber niedriger im Feststoffbereich (siehe Kapitel 5.2.1.2).

Es scheint, dass die resultierende Temperaturleitfähigkeit niedriger im Vergleich zur Datenbank ist. Was bedeutet, der Kunststoff kühlt langsamer ab und hat mehr Zeit zu schwinden. Werden die Fließgrenz- und Entformungstemperatur aus Kapitel 5.2.1.3 ergänzt, führt dies zu einem umgekehrten Trend. Schwindung und Verzug nehmen ab. Die gemessene Fließgrenztemperatur ist niedriger als der Datenbankwert. Hierdurch können sich Spannungen erst bei niedrigeren Temperaturen im Formteil ausbilden (siehe Kapitel 2.3.1.2.2), wodurch das Spannungsniveau und folglich auch Schwindung und Verzug niedriger ausfallen.

Weiterhin haben die Anpassungen einen Einfluss auf den lokalen Druckverlauf (siehe Abbildung 6.9).

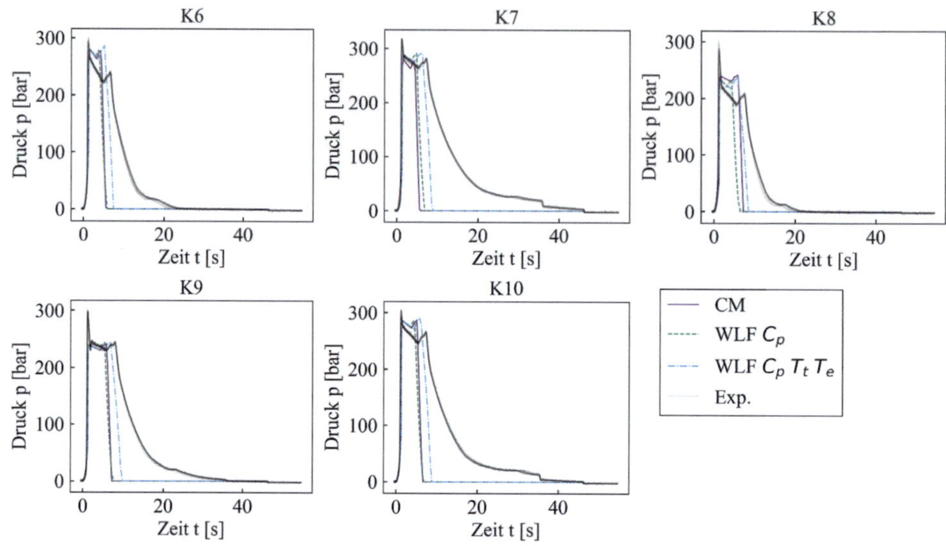

Abbildung 6.9   Einfluss der spezifischen Wärmekapazität, Wärmeleitfähigkeit, sowie der Fließgrenz- und Entformungstemperatur des PBT Materials auf den lokalen Druckverlauf

Es zeigt sich, dass die erste Anpassung der spezifischen Wärmekapazität und Wärmeleitfähigkeit nur partiell Einfluss auf die Ergebnisse hat. Die Ergänzung der ermittelten Fließgrenz- und Entformungstemperatur führt zur Zunahme der simulierten Einfrierzeiten.

6.2.3 Elastizitätsmodul

In Abbildung 6.10 ist der Einfluss des Elastizitätsmoduls auf Schwindung und Verzug dargestellt. Im Vergleich zu den Datenbankwerten zeigen die gemessenen Daten eine reduzierte Steifigkeit über annähernd den gesamten Temperaturbereich auf (siehe Kapitel 5.2.3). Weiterhin unterscheiden sich die Datensätze hinsichtlich der lokalen Steigungen, wodurch unterschiedliche Steifigkeitsgradienten, abhängig von der lokalen Temperatur, auftreten. In Summe führen die Veränderungen zu einer Zunahme von Schwindung und Verzug.

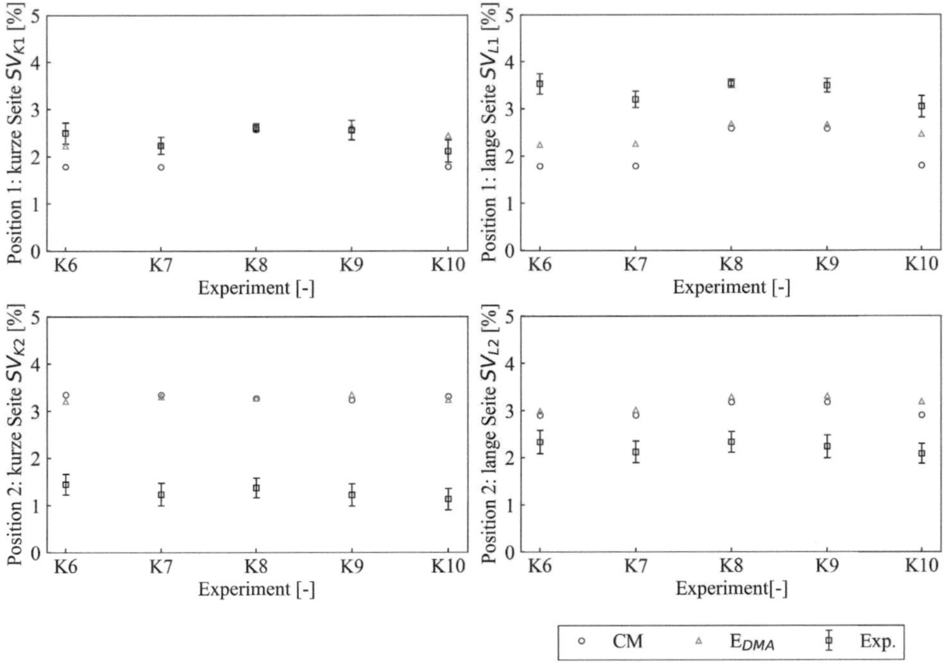

Abbildung 6.10 Einfluss des Elastizitätsmoduls des PBT Materials auf Schwindung und Verzug

Abbildung 6.11 zeigt die simulierten Druckverläufe. Bei den Einstellungen K6, K9 und K10 kann keine Veränderung erkannt werden. Bei den Versuchen K7 und K8 sind Unterschiede zu sehen, wobei der Trend nicht gleich ist. Eine Begründung hierfür kann aus der Anpassung des Elastizitätsmoduls nicht abgeleitet werden. Auch hier können Interaktionen mit anderen Faktoren nicht ausgeschlossen werden.

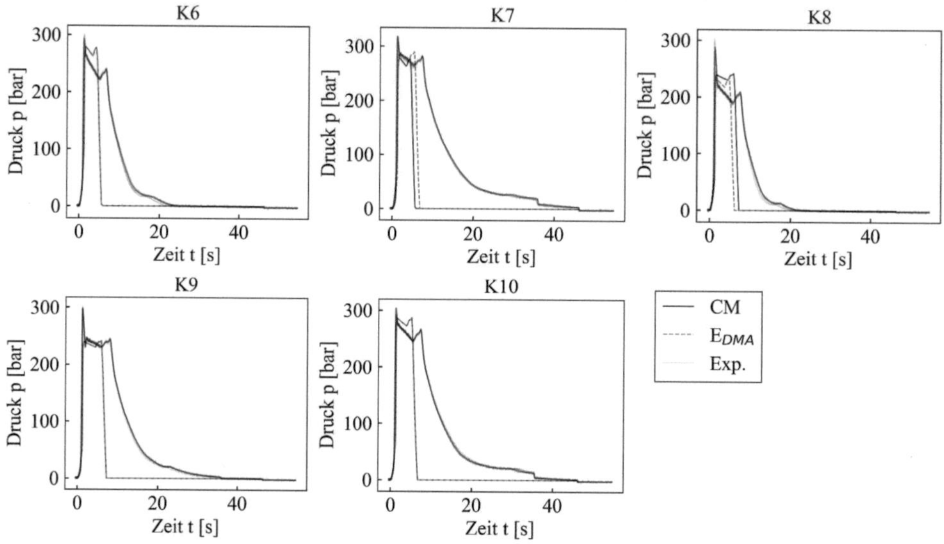

Abbildung 6.11   Einfluss des Elastizitätsmoduls des PBT Materials auf den lokalen Druckverlauf

6.2.4 Statistische Bewertung der Materialparameter

Abbildung 6.12 zeigt die Haupteffektdiagramme der Materialparameter, welche sich aus dem in Tabelle 5.4 gezeigten Versuchsplan ergeben.

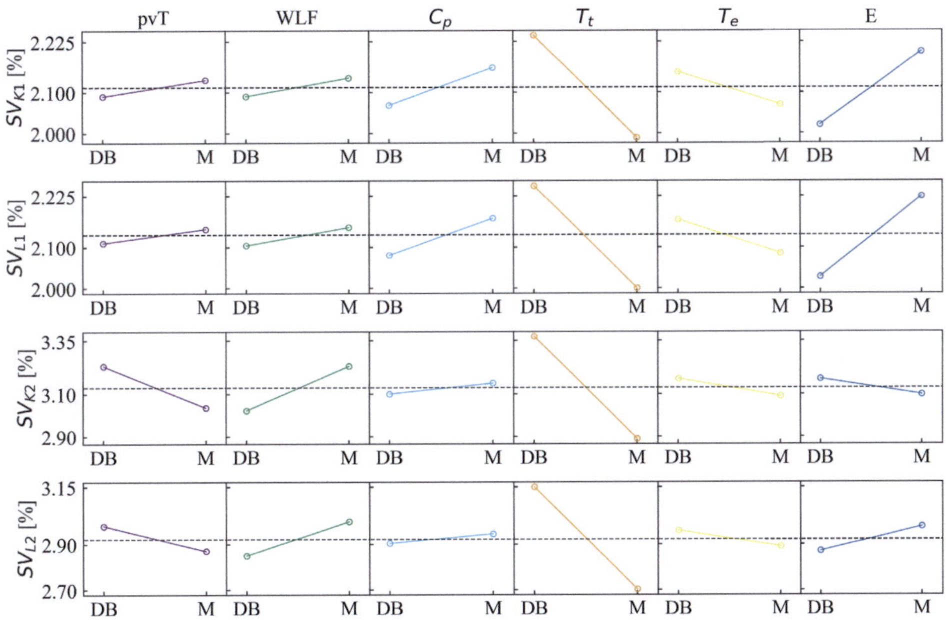

Abbildung 6.12 Haupteffektediagramme für Schwindung und Verzug in Abhängigkeit der Materialparameter des PBT Materials

Dargestellt sind die Werte, die sich aus der jeweiligen Faktorstufe ergeben. Grundsätzlich ist bei allen Faktoren ein Einfluss zu sehen. An den Positionen SV_{K1} und SV_{L1} besitzt die Fließgrenztemperatur T_t, gefolgt vom Elastizitätsmodul E den größten Einfluss. Die übrigen Faktoren verhalten sich hierbei sehr ähnlich hinsichtlich ihres Einflusses.

Auch an den Positionen SV_{K2} und SV_{L2} hat die Fließgrenztemperatur den größten Einfluss. Der Einfluss des Elastizitätsmoduls bewegt sich an diesen Positionen im Bereich der übrigen Faktoren. An SV_{K2} ist zudem ein umgedrehter Einfluss des Elastizitätsmoduls erkennbar. Zusammenfassend kann festgehalten werden, dass die Fließgrenztemperatur den größten Einfluss auf Schwindung und Verzug besitzt.

Wie in Kapitel 2.3.2.5 beschrieben, kann die Fließgrenztemperatur aus der Messung der spezifischen Wärmekapazität abgeleitet werden. Folglich ist für eine adäquate Ermittlung der Fließgrenztemperatur eine temperaturabhängige Messung der spezifischen Wärmekapazität notwendig. Hierbei hängen bei teilkristallinen Kunststoffen die Kristallisationsprozesse und folglich auch die Fließgrenztemperatur von der Abkühlrate ab (siehe Kapitel 2.3.2.3). Veränderungen der Fließgrenztemperatur, infolge lokal unterschiedlicher Abkühlraten, werden von der Simulation jedoch nicht erfasst. Insbesondere bei komplexen Spritzgießwerkzeugen, wo eine homogene Werkzeugtemperatur nicht immer gewährleistet werden kann, oder bei unterschiedlichen Wandstärken, kommt diese Einschränkung der Simulation zum Tragen.

6.2.5 Abschließende Untersuchungen

In diesem Abschnitt werden die in den Kapiteln 6.1 und 6.2 durchgeführten Untersuchungen gemeinsam dargestellt. Die Ergebnisse für Schwindung und Verzug aller simulierten Einstellungen sind in Abbildung 6.14 dargestellt. Die Druckverläufe sind in Abbildung 6.13 zu sehen. Weiterhin werden zwei abschließende Simulationseinstellungen vorgestellt. Die in den Folgenden Abbildungen als „ALL" bezeichnete Simulation beinhaltet alle gemessenen Materialparameter (siehe Simulation 5 in Tabelle 5.5).

Die zweite Simulation „FIT" ist ein mittels „Reverse Engineering" erzeugter Datensatz, welcher das Ziel verfolgt, den experimentellen Druckverlauf bestmöglich abzubilden. Als Fit-Parameter fließen hier die Fließgrenztemperatur und die Wärmeübergangskoeffizienten ein. Die Faktorauswahl begründet sich wie folgt: In Kapitel 3.4 wird angenommen, dass der lange Druckabfall auf eine schlechte Wärmeübertragung und folglich einen ineffizienten Abkühlprozess zurück geführt werden kann. Wenn dies zutrifft, ist der Wärmeübergangskoeffizient eine ausschlaggebende Größe. Der hierdurch veränderte Abkühlprozess führt des Weiteren zu einer anderen Kristallisationscharakteristik. Der Kunststoff kristallisiert bereits bei höheren Temperaturen (siehe Kapitel 2.3.2.3).

Die finalen Parameter sind in Tabelle 6.2 aufgeführt.

Tabelle 6.2   Fitparameter

Parameter	Wert (initial)	Wert (final)	Einheit
T_t	199,0	213,5	$[^\circ C]$
HTC Füllung	2500	4000	$[\frac{W}{m^2 K}]$
HTC Nachdruck	1000	60	$[\frac{W}{m^2 K}]$
HTC Restkühlphase	1000	10	$[\frac{W}{m^2 K}]$

Mit den ermittelten Parametern ist es möglich, den langen Druckabfall deutlich besser abzubilden (siehe Abbildung 6.13, FIT).

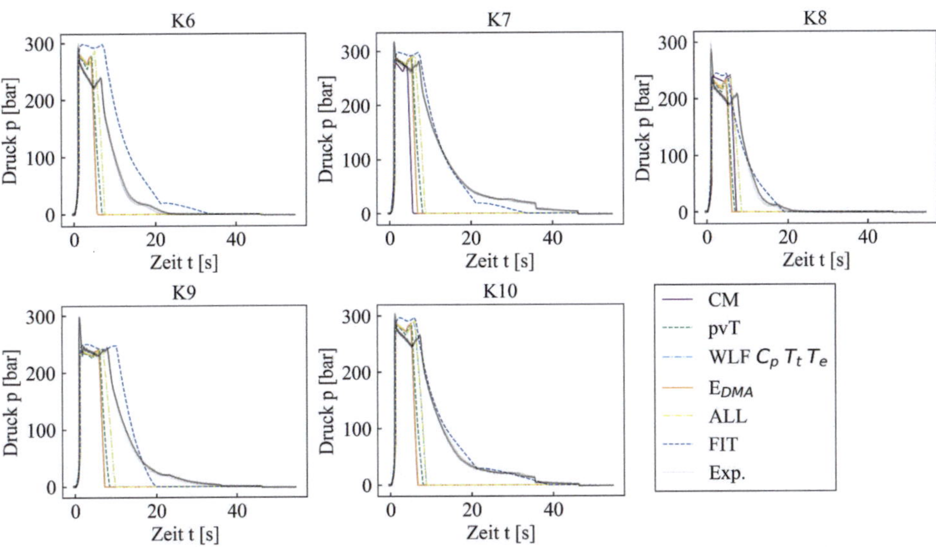

Abbildung 6.13   Einfluss aller betrachteten Parameter des PBT Materials auf den lokalen Druckverlauf

Die Ergebnisse für Schwindung und Verzug sind in Abbildung 6.14 dargestellt. An den Positionen SV_{K1}, SV_{K2}, sowie SV_{L2} haben die Anpassungen zu hohe Werte zur Folge. SV_{L1} kann jedoch für jede Versuchseiseinstellung sehr gut abgebildet werden.

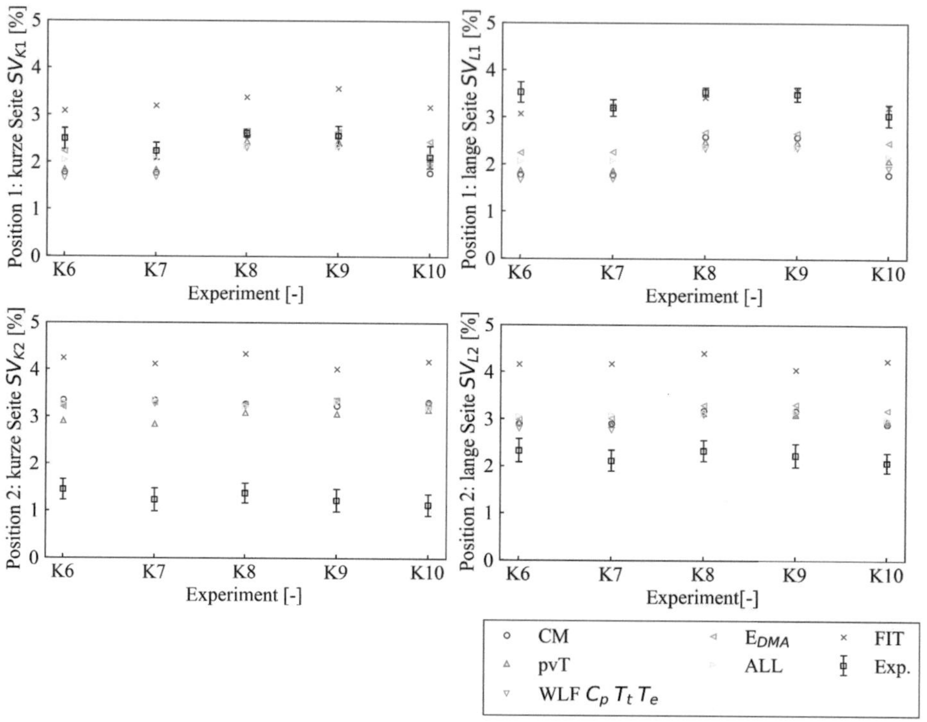

Abbildung 6.14   Einfluss aller betrachteten Parameter des PBT Materials auf Schwindung und Verzug

Partiell kann eine Verbesserung der Ergebnisse erzielt werden. Eine ganzheitliche Optimierung ist im Rahmen der Untersuchungen nicht möglich. Grund hierfür könnten Effekte, die im Spritzgießprozess zu sehen sind (siehe Kapitel 3.4), sein. Zwar kann der Druckverlauf durch die Anpassungen in der Simulation FIT sehr gut abgebildet werden, jedoch finden zugrunde liegende Effekte der Schwindungs- und Verzugssimulation, wie die Kristallisationskinetik, keine Berücksichtigung.

Wie in Kapitel 2.3.2.3 an der Messung der spezifischen Wärmekapazität gezeigt, hängen viele Stoffwerte von der Abkühlrate und folglich auch den Kristallisationsprozessen ab. Lokale Unterschiede, wie sie beispielsweise durch schlechte Wärmeübergänge entstehen, können von der Simulation nicht erfasst werden. Hierzu zählt die Fließgrenztemperatur und die Wärmeübergangskoeffizienten selbst, welche in der Simulation lediglich skalar definiert ist und folglich etwaige Effekte außer Acht gelassen werden.

6.3 Untersuchung der Materialparameter des PBT-GF30 Materials

Abbildung 6.15 zeigt die Ergebnisse, der in Kapitel 5.3 beschriebenen Anpassungen der Materialparameter des PBT-GF30 Materials.

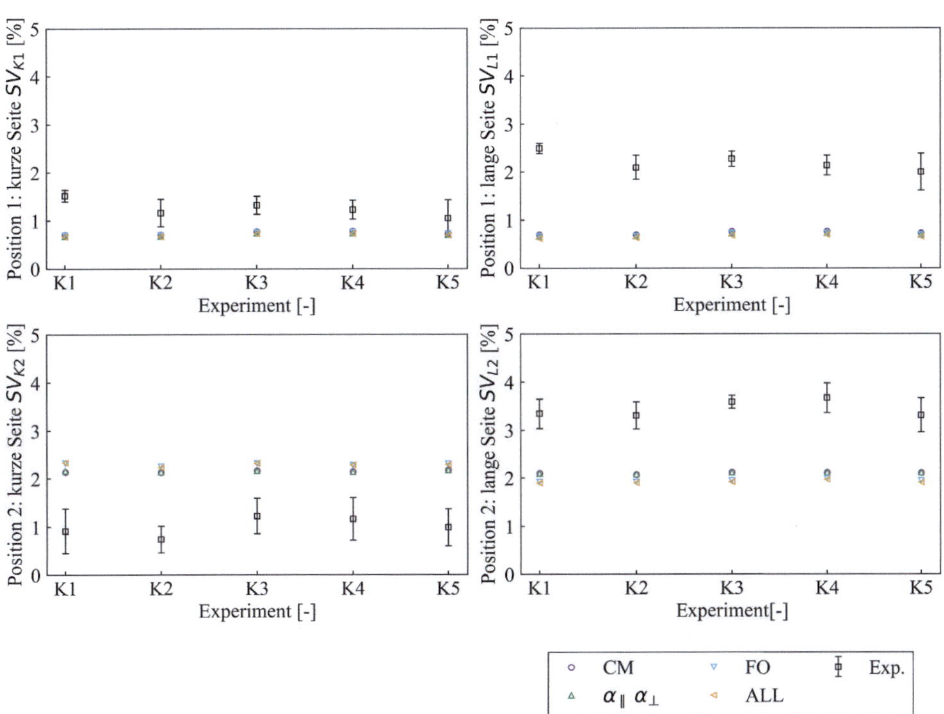

Abbildung 6.15 Einfluss der Wärmeausdehnungskoeffizienten, sowie der Parameter der Faserorientierungsberechnung des PBT-GF30 Materials auf Schwindung und Verzug

An den Positionen SV_{K1} und SV_{L1} ist für alle Anpassungen ein vergleichswei-se geringer Effekt zu sehen. An den Positionen SV_{K2} und SV_{L2}, an denen auch verstärkt Verzugseffekte auftreten, sind größere Einflüsse zu sehen. Deutliche Ab-weichungen zu den Experimenten sind trotz der Anpassungen weiterhin zu sehen. In Abbildung 6.16 sind die lokalen Druckverläufe dargestellt.

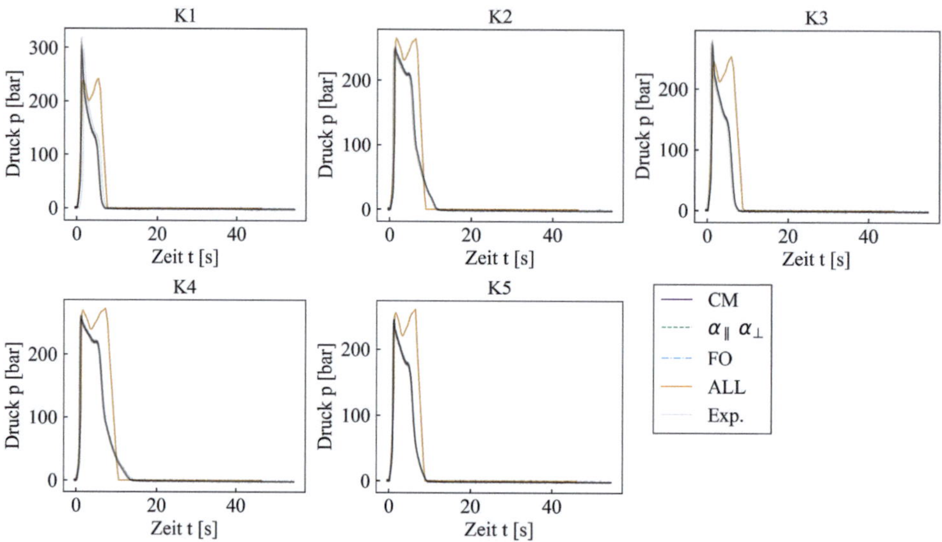

Abbildung 6.16   Einfluss der Wärmeausdehnungskoeffizienten, sowie der Parameter der Faserorientierungsberechnung des PBT-GF30 Materials auf den lokalen Druckverlauf

Die Anpassungen führen zu keinen Veränderungen des Druckverlaufs. Die si-mulierten Druckverläufe liegen so dicht beieinander, dass kein Unterschied gesehen werden kann. Dieses Ergebnis ist zu erwarten, da keine thermischen Material- und Simulationsparameter angepasst werden, welche eine entsprechende Veränderung bewirken würden. In Kapitel 6.3.1 werden die Einflüsse der Faktoren auf Schwin-dung und Verzug mithilfe von Haupteffektediagrammen aufgezeigt.

6.3.1 Statistische Bewertung der Materialparameter

Abbildung 6.17 zeigt die Haupteffektediagramme, welche sich aus den in Tabelle 5.6 gezeigten Simulationen des PBT-GF30 Materials ergeben.

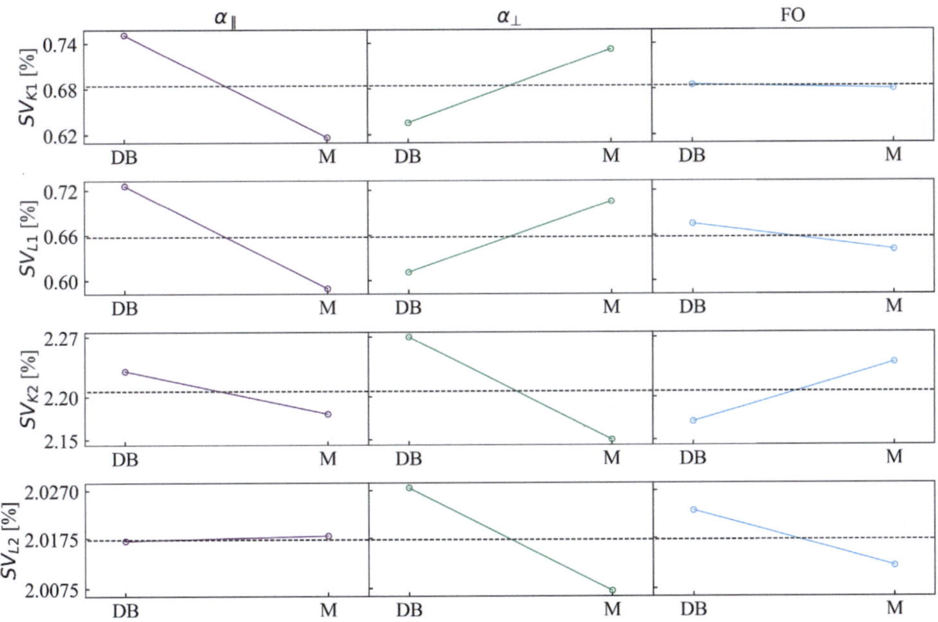

Abbildung 6.17 Haupteffektediagramme für Schwindung und Verzug in Abhängigkeit der Material-parameter des PBT-GF30 Materials

An den Positionen SV_{K1} und SV_{L1} ist der Einfluss der Wärmeausdehnungs-koeffizienten am größten, wobei dieser jeweils gegenläufig ist. Betrachtet man je-doch die Y-Achse der Graphiken, zeigt sich, dass der absolute Einfluss nicht sehr ausgeprägt ist. Dies kann auf die geringen Unterschiede zwischen den unterschied-lichen Messmethoden in Abbildung 5.13 zurückgeführt werden. Die Datenbank- und Dilatometer-Messwerte für $\alpha_\parallel$ sind sehr ähnlich. In Querrichtung, sind die Dilatometer-Messergebnisse für $\alpha_\perp$ oberhalb von etwa 50 °C höher als die Da-tenbankwerte und hierunter niedriger. Es scheint so, dass hierdurch die Ergebnisse so ähnlich ausfallen.

An den Positionen SV_{K2} und SV_{L2} geht der geringste Effekt von $\alpha_\parallel$ aus. Größere Effekte zeigen $\alpha_\perp$, sowie die Berechnungsparameter der Faserorientierung FO.

Zusammenfassend zeigt sich bei diesem Material, dass die vorliegenden Daten-bankwerte der Wärmeausdehnungskoeffizienten zu sehr ähnlichen Ergebnissen, wie die temperaturabhängigen Messungen mittels Dilatometer führen.

Auch die Optimierung der Berechnungsparameter der Faserorientierung führten zu keiner deutlichen Veränderung der Prognosen. Im Rahmen der Anpassung der Berechnungsparameter war es zwar möglich, die Simulation der Orientierungsverteilung deutlich zu verbessern, jedoch nicht die der Hauptorientierungsrichtung (siehe Kapitel 5.3.2). Die Simulationen haben vor-, sowie nach der Optimierung eine breite, quer orientierte Mittelschicht vorhersagt, während diese in der Realität nur sehr schmal ist. Dies könnte ein Grund für die bestehenden Diskrepanzen zwischen Realität und Simulation sein. Aber auch lokal unterschiedliche Wärmeübergänge, wie sie beim PBT Material angenommen werden (siehe Kapitel 6.1.2), könnten die Ergebnisse negativ beeinflussen.

6.4 Untersuchung der Materialparameter des PS Materials

Im Folgenden sind die Ergebnisse aus den in Kapitel 5.4 beschriebenen Anpassungen der Materialparameter des PS Materials zu sehen. Abbildung 6.18 zeigt die simulierten Ergebnisse für Schwindung und Verzug.

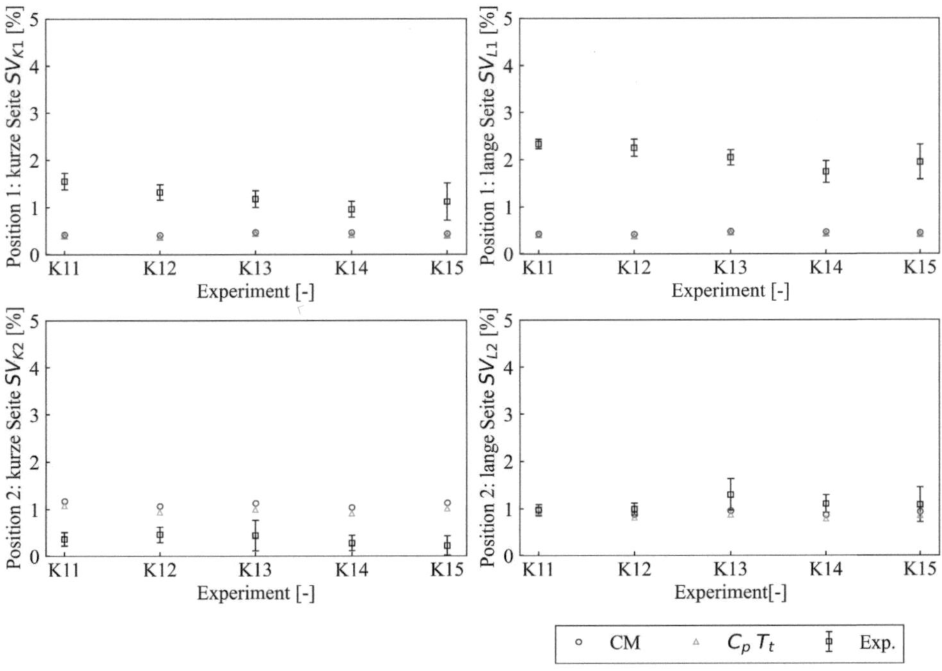

Abbildung 6.18 Einfluss der spezifischen Wärmekapazität und Fließgrenztemperatur des PS Materials auf Schwindung und Verzug

Die gezeigten Simulationsergebnisse unterscheiden sich teils nur marginal. An den Positionen SV_{K1} und SV_{L1} ist kein nennenswerter Unterschied zu sehen. An Position SV_{K2} hatte die Simulation zu hohe- und an SV_{L2} zu niedrige Werte vor den Anpassungen prognostiziert. Erstere Position hat sich geringfügig verbessert. An zweiter Position ist der Einfluss der Anpassungen umgekehrt. Wobei hierbei anzumerken ist, dass die Unterschiede äußerst gering sind und die Prognosen der Realität sehr nahe kommen. An den SV_{K1} und SV_{L1} sind sowohl vor-, als auch nach den Anpassungen ausgeprägte Abweichungen zusehen. Abbildung 6.19 zeigt die zugehörigen lokalen Druckverläufe.

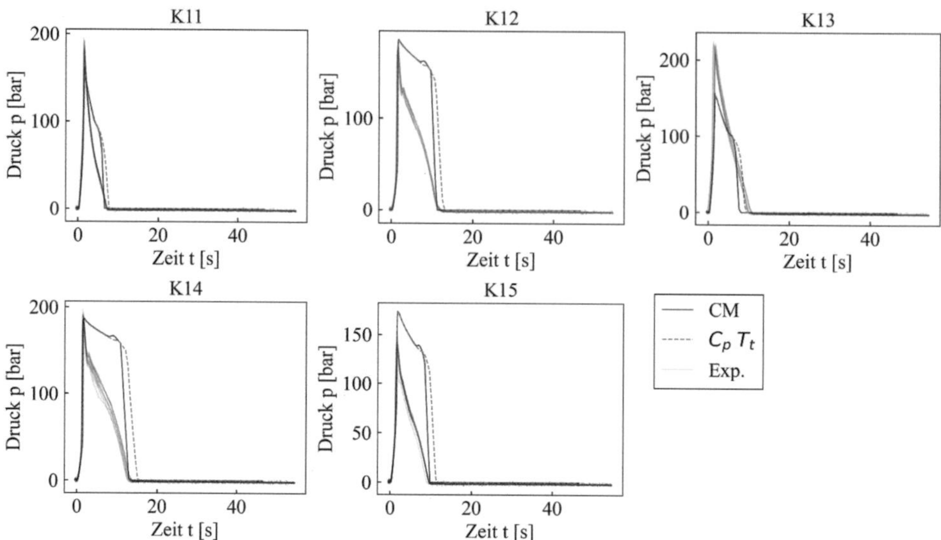

Abbildung 6.19 Einfluss der spezifischen Wärmekapazität und Fließgrenztemperatur des PS Materials auf den lokalen Druckverlauf

Es ist zu sehen, dass die Anpassungen zu etwas längeren Einfriergradienten führen. Dies führt an einigen Variationen zu etwas zu langen Einfrierzeiten, während K13 besser abgebildet wird. Der längere Abkühlgradient ist auf die niedrigere Fließgrenztemperatur zurückzuführen (siehe Kapitel 5.4.1). Das Material ist bis zu niedrigeren Temperaturen fließfähig und kann somit länger den Druck übertragen.

Zusammenfassend kann festgehalten werden, dass bei diesem Material keine signifikante Verbesserung mit den gegebenen Materialmodellen mehr erzielt werden kann. Obwohl partielle Unterschiede zwischen den Datenbank- und Messwerten für die spezifische Wärmekapazität in Kapitel 5.4 gezeigt werden, scheinen überwiegend ähnliche Verläufe zu den minimalen Unterschieden zu führen. Eine Reduktion der Wärmeübergangskoeffizienten würde nach den Erkenntnissen aus Kapitel 6.1.2 zu verbesserten Ergebnissen für SV_{K1} und SV_{L1} führen, hätte jedoch zugleich einen negativen Einfluss auf die bereits gute Prognose von SV_{K2} und SV_{L2}. Dies bekräftigt Ergebnisdiskussion aus Kapitel 6.2.5, wo lokale Effekte als Grund für die bestehenden Ergebnisdiskrepanzen angenommen werden.

7 Zusammenfassung der Ergebnisse und Forschungsausblick

Eine möglichst realitätsnahe Vorhersage von Schwindung und Verzug thermoplastischer Spritzgießbauteile ist ein entscheidendes Kriterium einer effektiven Bauteilauslegung mittels numerischer Simulation. In dieser Arbeit wurden Material- und Simulationsparameter systematisch untersucht, deren individueller Einfluss auf die Schwindungs- und Verzugssimulation bewertet und die Haupteinflussgrößen identifiziert. Es konnte gezeigt werden, dass obwohl alle untersuchten Parameter einen Einfluss auf die gezeigten Simulationsergebnisse haben, einige hierbei deutlich hervorzuheben sind. Unter den Materialparametern sei die Fließgrenztemperatur zu nennen, welche den mit Abstand größten Einfluss zeigte. Auch der Wärmeübergangskoeffizient zwischen Formteil und Kavität in der Nachdruckphase hat einen deutlichen Einfluss.

In experimentellen Spritzgießversuchen wurden Kastenprobekörper aus einen teilkristallinen Polybutylenterephthalat (PBT), einem kurzglasfaserverstärkten Polybutylenterephthalat (PBT-GF30), sowie einem amorphen Polystyrol (PS) hergestellt. Das verwendete Spritzgießwerkzeug wurde mit einem CQC-Messwerterfassungssystem und einem pT-Sensor ausgestattet. Beim PBT auftretende Effekte im Druckkurvenverlauf konnten hierbei durch die Simulationen qualitativ bestätigt werden. Ein Vergleich der lokalen Temperaturverläufe war nicht möglich, da während der Temperatursensor in den Experimenten die Temperatur der Werkzeugoberfläche aufgezeigte, in der Simulation lediglich die Schmelzetemperatur ausgegeben werden konnte.

Die Probekörper wurden geometrisch vermessen und Schwindung und Verzug ermittelt. Bei Simulationen mit Standardparametern zeigten sich deutliche Unterschiede bei allen Materialien in der Prognose von Schwindung und Verzug. Einige Positionen konnten qualitativ gut vorhergesagt werden, während teils große Abweichungen zu sehen waren. Bei den Druckverläufen zeigten sich beim PBT große Unterschiede. Beim PBT-GF30 und PS waren deutlich realitätsnähere Prognosen zu sehen.

Es wurden Versuchspläne zur systematischen Betrachtung von Simulations- und Materialparametern der Spritzgießsimulationssoftware CADMOULD® erstellt, umfangreiche Untersuchungen am PBT und ergänzende Untersuchungen am PBT-GF30 durchgeführt. Hierauf aufbauend wurden am PS gezielt Parameter betrachtet, welche zuvor als besonders relevant für Schwindung und Verzug identifiziert wurden.

Bei Vergleichen der Materialdatenbank mit den Messdaten waren teils deutliche Unterschiede zu sehen. So wurde in der Datenbank mitunter die Temperaturabhängigkeit bei thermischen Materialdaten nicht erfasst. Aber auch bei anderen Stoffdaten, wie den pvT-Daten oder temperaturabhängigen Elastizitätsmoduln konnten Abweichungen festgestellt werden. Das Fehlen von Messrandbedingungen erschwerte hierbei die Identifikation der Gründe für die Abweichungen. Es wurden qualitative Vergleiche von Schwindung und Verzug und der lokalen Druckverläufe auf Basis der Stoff- und Simulationsdaten aufgestellt. Ergänzend wurden mittels Haupteffektdiagrammen quantitative Gegenüberstellungen durchgeführt und so die Haupteinflussgrößen identifiziert.

Zunächst wurden die relative Elementgröße und die Wärmeübergangskoeffizienten zwischen Polymer und Werkzeug betrachtet. Es hat sich gezeigt, dass an einzelnen Positionen geringe Einflüsse in der Elementgröße bestanden. Jedoch wurde die Berechnungsdauer mit kleineren Elementen und folglich einer größeren Elementanzahl erheblich länger. Bei den Wärmeübergangskoeffizienten konnte ein großer Einfluss gezeigt werden, sowohl auf Schwindung und Verzug, als auch das Einfrierverhalten. Es wurde gezeigt, dass je nach Software und auch in der Literatur stark variierende Werte zu finden sind. Dies ist auf die starke Abhängigkeit von Faktoren wie den Materialien, Temperaturen aber auch der effektiven Kontaktierung zurückzuführen. Aus diesem Grund ist eine allgemeingültige Definition der Wärmeübergangskoeffizienten kaum, bzw. nur unter idealisierten Annahmen möglich.

Wie Eingangs angemerkt, zeigte sich beim PBT als Haupteinflussgröße für Schwindung und Verzug die Fließgrenztemperatur. Diese wurde aus der temperaturabhängigen Messung der spezifischen Wärmekapazität abgeleitet, welche unmittelbar von der Abkühlrate abhängt. In CADMOULD® erfolgt die Definition dieses Wertes skalar und berücksichtigt folglich keine Kühlratenabhängigkeit. Bei Spritzgießwerkzeugen, bei denen keine homogene Oberflächentemperatur gegeben ist oder sich der effektive Wärmeübergang durch Deformationseffekte verschlechtert, kommt dieser Effekt jedoch zum Tragen. Es liegt nahe, dass sich durch diese Vereinfachung in der Simulation deutliche Unterschiede ergeben. Eine weitere Haupteinflussgröße ist der temperaturabhängige Elastizitätsmodul. Dieser kann zum Beispiel mittels temperaturabhängiger Zugversuche oder DMA-Analysen ermittelt werden. Die Randbedingungen der Messungen können hierbei jedoch die

Ergebnisse maßgeblich beeinflussen. Die anderen Materialdaten zeigten Einflüsse, welche jedoch deutlich geringer ausfielen, als die zuvor genannten.

Bei den ergänzenden Untersuchungen des PBT-GF30 erwiesen sich die richtungsabhängigen Wärmeausdehnungskoeffizienten als relevant. Da die Ergebnisse aus unterschiedlichen Ermittlungsmethoden jedoch sehr ähnlich waren, folgten nur geringe Unterschiede der Schwindungs- und Verzugsergebnisse. Auch die Anpassung der Parameter der Faserorientierungsberechnung hatte einen Einfluss. Bei der Parameteroptimierung konnte zwar die Orientierungsverteilung besser vorhergesagt werden, jedoch nicht die Prognose der Querorientierung in der Mittelschicht. Bei dem PS konnten Auffälligkeiten in der Materialbeschreibung, wie fehlende Wertebereiche in der spezifischen Wärmekapazität, gezeigt werden. Die Ermittlung und Anpassung der Materialdaten hatte jedoch nur einen geringen Einfluss auf die Simulationsergebnisse.

Zusammenfassend konnten mithilfe der durchgeführten Untersuchungen die Haupteinflussgrößen auf die Berechnung von Schwindung und Verzug in der Spritzgießsimulation gezeigt werden. Ebenso wurden Grenzen aktueller Annahmen aufgezeigt, welche als Gründe für die weiterhin bestehenden Diskrepanzen zwischen den Ergebnissen in Versuch und Simulation als mitverantwortlich angenommen werden.

Dies verdeutlicht, dass der Forschungsbedarf mit dieser Arbeit nicht abgeschlossen ist und zeigt Anknüpfungspunkte für weitere Untersuchungen auf. Es wird empfohlen, die Untersuchungen mit einer anderen Software fortzusetzen, um so den Einfluss unterschiedlicher Annahmen in der Simulation bewerten zu können. Auch innerhalb von CADMOULD® wird eine weitere Untersuchung empfohlen. Mithilfe von Zugversuchen in Abhängigkeit der Temperatur, anstelle der DMA-Messung, könnte der Prüfart-Einfluss besser beurteilt werden. Wird hierbei zusätzlich Digital Image Correlation (DIC) zur Dehnungsermittlung eingesetzt, kann hieraus die temperaturabhängige Querkontraktionszahl ermittelt werden.

Aus Forschungssicht ist außerdem die in Abbildung 7.1 gezeigte Simulationsmethodik interessant.

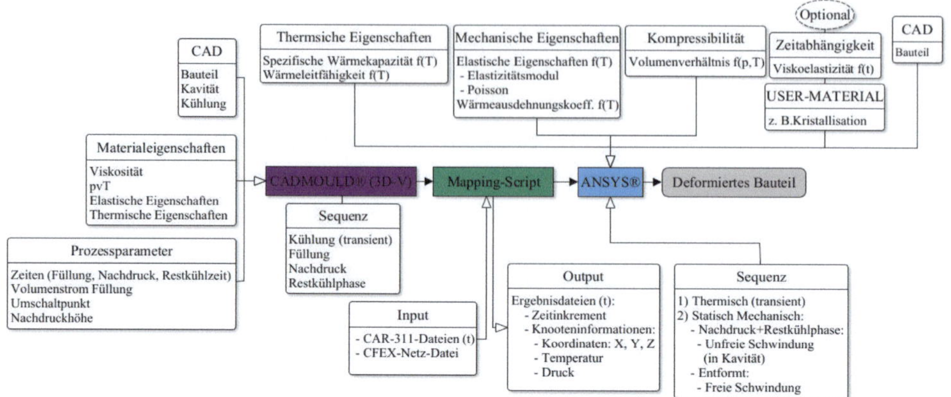

Abbildung 7.1　Ablaufschema Methode zur Berechnung von Schwindung und Verzug im strukturmechanischen Solver

Hierbei wird in der Spritzgießsimulation lediglich die Füll-, Nachdruck- und Restkühlphase berechnet. Im Mappingprozess werden das Temperatur- und Druckfeld in einen nachgeschalteten strukturmechanischen Solver, z.B. ANSYS®, geladen und darin Schwindung und Verzug berechnet. Der Vorteil dieses Ansatzes liegt darin, dass entsprechende Programme bereits mehrere Materialmodelle, zum Beispiel zur Berücksichtigung des viskoelastischen Verhaltens implementiert haben, bzw. durch sogenannte USER-MATERIALS eigene Modelle ergänzt werden können. Mit der Einführung der 3D-Simulation (3D-V) in Version *V13* liegen die hierfür notwendigen Temperaturen und Drücke vollumfänglich vor. Diese können in ANSYS® als Lasten importiert werden.

Die in dieser Arbeit aus den systematischen Untersuchungen erlangten Erkenntnisse können künftig für optimierte Schwindungs- und Verzugsvorhersagen genutzt werden. In der Praxis ergibt sich ein Leitfaden für die gezielte Ermittlung der Materialparameter für die Schwindungs- und Verzugssimulation, wodurch im Rahmen etablierter Modelle bessere Ergebnisse erzielt werden können. Aus den umfangreichen Forschungsergebnissen und der Identifikation der Haupteinflüsse, ergeben sich folgende Ansätze zur Verbesserung etablierter Berechnungsmethoden:

- Berücksichtigung von Kristallisationseffekten und deren Einfluss auf den Phasenübergang

- Verbesserung des Berechnungsmodells der Faserorientierung, Fokus: Prognose der Mittelschichtorientierung

- Berücksichtigung lokaler Einflüsse auf den Wärmeübergangskoeffizienten zwischen Formteil und Kavität

Literaturverzeichnis

[1] Maw-Ling Wang, Rong-Yeu Chang und Chia-Hsiang Hsu. *Molding simulation: theory and practice.* First edition. Cincinnati: Hanser Publishers/Munich Hanser Publications, 2018.

[2] Georg Gruber, Andreas Haimerl und Sandro Wartzack. »Consideration of Orientation Properties of Short FiberReinforced Polymers within Early Design Steps«. In: *12th International LS-DYNA® Users Conference* (2012).

[3] Faizal Arifurrahman u. a. »On the Lightweight Structural Design for Electric Road and Railway Vehicles using Fiber Reinforced Polymer Composites – A Review«. In: *International Journal of Sustainable Transportation Technology* 1.1 (2018), S. 21–29.

[4] Adamu Muhammad u. a. »Applications of sustainable polymer composites in automobile and aerospace industry«. In: *Advances in Sustainable Polymer Composites.* Elsevier, 2021, S. 185–207.

[5] Huamin Zhou. *Computer modeling for injection molding: Simulation, Optimization, and Control. simulation, optimization, and control.* Wiley, 2013.

[6] R. Sánchez u. a. »On the relationship between cooling setup and warpage in injection molding«. In: *Measurement* 45.5 (2012), S. 1051–1056.

[7] Mohd Hilmi Othman, Shazarel Shamsudin und Sulaiman Hasan. »The Effects of Parameter Settings on Shrinkage and Warpage in Injection Molding through Cadmould 3D-F Simulation and Taguchi Method«. In: *Applied Mechanics and Materials* 229-231 (2012), S. 2536–2540.

[8] Shih-Chih Nian, Chih-Yang Wu und Ming-Shyan Huang. »Warpage control of thin-walled injection molding using local mold temperatures«. In: *International Communications in Heat and Mass Transfer* 61 (2015), S. 102–110.

[9] Jerry M. Fischer. *Handbook of molded part shrinkage and warpage.* Elsevier, 2013, S. 1–7.

[10] Mustafa Kurt u. a. »Influence of molding conditions on the shrinkage and roundness of injection molded parts«. In: *The International Journal of Advanced Manufacturing Technology* 46.5-8 (2009), S. 571–578.

[11] Tao C. Chang und Ernest Faison. »Shrinkage behavior and optimization of injection molded parts studied by the taguchi method«. In: *Polymer Engineering & Science* 41.5 (2001), S. 703–710.

[12] K Jansen, D Van Dijk und M Husselman. »Effect of Processing Conditions on Shrinkage in Injection Molding«. In: *Polymer Engineering & Science* 38.5 (1998).

[13] Mahesh Gupta und K. K. Wang. »Fiber orientation and mechanical properties of short-fiber-reinforced injection-molded composites: Simulated and experimental results«. In: *Polymer Composites* 14.5 (1993), S. 367–382.

[14] Jang Min Park und Seong Jin Park. »Modeling and Simulation of Fiber Orientation in Injection Molding of Polymer Composites«. In: *Mathematical Problems in Engineering* 2011 (2011), S. 1–14.

[15] Seyyedvahid Mortazavian und Ali Fatemi. »Effects of fiber orientation and anisotropy on tensile strength and elastic modulus of short fiber reinforced polymer composites«. In: *Composites Part B: Engineering* 72 (2015), S. 116–129.

[16] Suresh G. Advani und Charles L. Tucker. »The Use of Tensors to Describe and Predict Fiber Orientation in Short Fiber Composites«. In: *Journal of Rheology* 31.8 (1987), S. 751–784.

[17] T Chou und A Kelly. »Mechanical Properties of Composites«. In: *Annual Review of Materials Science* 10.1 (1980), S. 229–259.

[18] A. Guevara-Morales und U. Figueroa-López. »Residual stresses in injection molded products«. In: *Journal of Materials Science* 49.13 (2014), S. 4399–4415.

[19] Peter Kennedy und Rong Zheng. *Flow Analysis of Injection Molds.* Hanser, 2013.

[20] Carlos N. Barbosa u. a. »Integrative simulation chain for improved components design: linking mould filling and structural simulations«. In: *Polymer Bulletin* 79.8 (2021), S. 6029–6047.

[21] Simcon kunststofftechnische Software GmbH. *CADMOULD 3D-F Bedienerhandbuch V13.* 2020.

[22] Sebastian Mönnich. »Entwicklung einer Methodik zur Parameteridentifikation für Orientierungsmodelle in Spritzgießsimulationen«. Diss. Otto-von-Guericke-Universität Magdeburg, 2015.

[23] Joachim Amberg. *Ermittlung temperaturabhängiger anisotroper Stoffwerte für die Spritzgießsimulation.* AiF Abschlussbericht 13220 N. Deutsches Kunststoff-Institut, 2004.

[24] G. A. Mannella u. a. »No-flow temperature in injection molding simulation«. In: *Journal of Applied Polymer Science* 119.6 (2010), S. 3382–3392.

[25] Rotraud Freytag, José Antonio Pérez Gil und Reinhard Forstner. »pvT-Behavior of Polymers under Processing Conditions and Implementation in the Process Simulation«. In: *Materials Science Forum* 825-826 (2015), S. 677–684.

[26] Thomas Lucyshyn u. a. »Determination of the transition temperature at different cooling rates and its influence on prediction of shrinkage and warpage in injection molding simulation«. In: *Journal of Applied Polymer Science* 123.2 (11. Aug. 2011), S. 1162–1168.

[27] Mahesh Divekar, Vivek R Gaval und Andreas Wonisch. »Improvement of warpage prediction through integrative simulation approach for thermoplastic material«. In: *Journal of Thermoplastic Composite Materials* 35.9 (2020), S. 1231–1248.

[28] Hopmann. *Einführung in die Kunststoffverarbeitung.* Hanser GmbH & Company, Carl, 2017.

[29] Hans Domininghaus. *Die Kunststoffe und ihre Eigenschaften. Eigenschaften und Anwendungen (VDI-Buch).* Springer, 2004, S. 1633.

[30] Erwin Baur, Guenther Harsch und Martin Moneke. *Werkstoff-Führer Kunststoffe.* Hanser Fachbuchverlag, Okt. 2019. 664 S.

[31] Walter Michaeli und Friedrich Johannaber. *Handbuch Spritzgießen.* Hanser, 2004.

[32] Covestro Deutschland AG. *The fundamentals of shrinkage in thermoplastics.* 2016.

[33] M. Abbasalizadeh u. a. »Experimental Study to Optimize Shrinkage Behavior of Semi-Crystalline and Amorphous Thermoplastics«. In: *Iranian Journal of Materials Science & Engineering* 15 (2018).

[34] Martin Moneke. »Die Kristallisation vonverstärkten Thermoplasten während derschnellen Abkühlung und unter Druck«. Diss. Technische Universität Darmstadt, 2001.

[35] K. Nakamura u. a. »Some aspects of nonisothermal crystallization of polymers. I. Relationship between crystallization temperature, crystallinity, and cooling conditions«. In: *Journal of Applied Polymer Science* 16.5 (1972), S. 1077–1091.

[36] Leo Mandelkern. *Crystallization of polymers.* Cambridge University Press, 2002.

[37] Ewa Piorkowska. *Handbook Of Polymer Crystallization*. John Wiley und Sons Ltd, 2013.

[38] Miguel A. López Manchado u. a. »Effects of reinforcing fibers on the crystallization of polypropylene«. In: *Polymer Engineering & Science* 40.10 (2000), S. 2194–2204.

[39] Vannessa Goodship. *Injection Moulding A Practical Guide. A Practical Guide*. de Gruyter GmbH, Walter, 2020.

[40] Martin Bonnet. *Kunststofftechnik Grundlagen, Verarbeitung, Werkstoffauswahl und Fallbeispiele. Grundlagen, Verarbeitung, Werkstoffauswahl und Fallbeispiele*. Springer Vieweg, 2014, S. 282.

[41] Helmut Schüle und Peter Eyerer. »Verarbeitung von Kunststoffen zu Bauteilen«. In: *Polymer Engineering 2*. Springer Berlin Heidelberg, 2020, S. 1–414.

[42] K. Stitz. *Spritzgießtechnik. Verarbeitung, Maschinen, Peripherie*. Carl Hanser GmbH & Company, 2004.

[43] Thomas Schröder. *Rheologie der Kunststoffe*. Hanser Fachbuchverlag, 18. Mai 2021.

[44] S. Kenig. »Fiber orientation development in molding of polymer composites«. In: *Polymer Composites* 7.1 (1986), S. 50–55.

[45] Jan-Martin Kaiser. »Beitrag zur mikromechanischen Berechnung kurzfaserverstärkter Kunststoffe - Deformation und Versagen«. Diss. Universität des Saarlandes, 2013.

[46] Parvin Shokri und Naresh Bhatnagar. »Effect of packing pressure on fiber orientation in injection molding of fiber-reinforced thermoplastics«. In: *Polymer Composites* 28.2 (2007), S. 214–223.

[47] Thanh Binh Nguyen Thi u. a. »Measurement of fiber orientation distribution in injection-molded short-glass-fiber composites using X-ray computed tomography«. In: *Journal of Materials Processing Technology* 219 (2015), S. 1–9.

[48] Markus Fornoff. *Phänomenologische Berechnungsstrategie für kurzfaserverstärkte Spritzgussformteile*. AiF Abschlussbericht 18362 N. Fraunhofer-Institut für Betriebsfestigkeit und Systemzuverlässigkeit LBF, 2018.

[49] Hamid Sadabadi und Masood Ghasemi. »Effects of Some Injection Molding Process Parameters on Fiber Orientation Tensor of Short Glass Fiber Polystyrene Composites (SGF/PS)«. In: *Journal of Reinforced Plastics and Composites* 26.17 (2007), S. 1729–1741.

[50] M. W. Darlington und A. C. Smith. »Some features of the injection molding of short fiber reinforced thermoplastics in center sprue-gated cavities«. In: *Polymer Composites* 8.1 (1987), S. 16–21.

[51] Michel Vincent u. a. »Description and modeling of fiber orientation in injection molding of fiber reinforced thermoplastics«. In: *Polymer* 46.17 (2005), S. 6719–6725.

[52] T D Papathanasiou. »Flow-induced alignment in injection molding of fiber-reinforced polymer composites«. In: *Flow-Induced Alignment in Composite Materials*. Elsevier, 1997, S. 112–165.

[53] Thorsten Pflamm-Jonas. »Auslegung und Dimensionierung von kurzfaserverstärkten Spritzgussbauteilen«. Diss. Technischen Universität Darmstadt, 2000.

[54] Andreas Radtke. »Steifigkeitsberechnung vondiskontinuierlich faserverstärktenThermoplasten auf der Basis vonFaserorientierungs- und Faserlängenverteilungen«. Diss. Universität Stuttgart, 2009.

[55] F. Gadala-Maria und F. Parsi. »Measurement of fiber orientation in short-fiber composites using digital image processing«. In: *Polymer Composites* 14.2 (1993), S. 126–131.

[56] Randy S. Bay und Charles L. Tucker. »Fiber orientation in simple injection moldings. Part II: Experimental results«. In: *Polymer Composites* 13.4 (1992), S. 332–341.

[57] H. Yaguchi u. a. »Measurement of Planar Orientation of Fibers for Reinforced Thermoplastics Using Image Processing«. In: *International Polymer Processing* 10.3 (1995), S. 262–269.

[58] M. Krause u. a. »Determination of the fibre orientation in composites using the structure tensor and local X-ray transform«. In: *Journal of Materials Science* 45.4 (2010), S. 888–896.

[59] Ilya Straumit u. a. »Determination of local fibers orientation in composite material from micro-CT data«. In: *Proceedings of the 11th International Conference on Textile Composites (TexComp-11)* (2013).

[60] Robert Gloeckner, Stefan Kolling und Christian Heiliger. »A Monte-Carlo Algorithm for 3D Fibre Detection from Microcomputer Tomography«. In: *Journal of Computational Engineering* 2016 (2016), S. 1–9.

[61] G. B. Jeffery. »The motion of ellipsoidal particles immersed in a viscous fluid«. In: *Proceedings of the Royal Society of London. Series A, Containing Papers of a Mathematical and Physical Character* 102.715 (1922), S. 161–179.

[62] Fransisco Folgar und Charles L. Tucker. »Orientation Behavior of Fibers in Concentrated Suspensions«. In: *Journal of Reinforced Plastics and Composites* 3.2 (1984), S. 98–119.

[63] Jin Wang, John F. O'Gara und Charles L. Tucker. »An objective model for slow orientation kinetics in concentrated fiber suspensions: Theory and rheological evidence«. In: *Journal of Rheology* 52.5 (2008), S. 1179–1200.

[64] Jay H. Phelps und Charles L. Tucker. »An anisotropic rotary diffusion model for fiber orientation in short- and long-fiber thermoplastics«. In: *Journal of Non-Newtonian Fluid Mechanics* 156.3 (2009), S. 165–176.

[65] Huan-Chang Tseng, Rong-Yeu Chang und Chia-Hsiang Hsu. »Comparison of recent fiber orientation models in injection molding simulation of fiber-reinforced composites«. In: *Journal of Thermoplastic Composite Materials* 33.1 (2018), S. 35–52.

[66] Huan-Chang Tseng, Rong-Yeu Chang und Chia-Hsiang Hsu. »The use of principal spatial tensor to predict anisotropic fiber orientation in concentrated fiber suspensions«. In: *Journal of Rheology* 62.1 (2018), S. 313–320.

[67] Huan-Chang Tseng, Rong-Yeu Chang und Chia-Hsiang Hsu. »Phenomenological improvements to predictive models of fiber orientation in concentrated suspensions«. In: *Journal of Rheology* 57.6 (2013), S. 1597–1631.

[68] Susanne Katrin Kugler u. a. »Fiber Orientation Predictions—A Review of Existing Models«. In: *Journal of Composites Science* 4.2 (2020), S. 69.

[69] Michael Riemer u. a. *Mathematische Methoden der Technischen Mechanik.* Springer Fachmedien Wiesbaden, 2019.

[70] Tristan Koslowski und Christian Bonten. »Shrinkage, warpage and residual stresses of injection molded parts«. In: *AIP Conference Proceedings 2055.* Author(s), 22. Jan. 2019.

[71] Rong Zheng, Roger I. Tanner und Xi-Jun Fan. *Injection Molding: Integration of Theory and Modeling Methods. Integration of Theory and Modeling Methods.* Springer-Verlag Berlin Heidelberg, 2011.

[72] Simcon kunststofftechnische Software GmbH. *CADMOULD Material Database V3.5.3.78.*

[73] Simcon kunststofftechnische Software GmbH. *CADMOULD Handbuch.* 2005.

[74] Normenausschuss Kunststoffe (FNK). *DIN ISO 20457: Kunststoff-Formteile - Toleranzen und Abnahmebedingungen.* 2021.

[75]   M. Trznadel und M. Kryszewski. »Thermal Shrinkage Of Oriented Polymers«. In: *Journal of Macromolecular Science, Part C: Polymer Reviews* 32.3-4 (1992), S. 259–300.

[76]   Nathalie Rudolph. »Druckverfestigung amorpher Thermoplaste«. Diss. Universität Erlangen-Nürnberg, 2009.

[77]   Ch. Hopmann u. a. »Simulation of shrinkage and warpage of semi-crystalline thermoplastics«. In: *AIP Conference Proceedings*. AIP Publishing LLC, 2015.

[78]   H. Zuidema, G. W. M. Peters und H. E. H. Meijer. »Influence of cooling rate on pVT-data of semicrystalline polymers«. In: *Journal of Applied Polymer Science* 82.5 (2001), S. 1170–1186.

[79]   Nagahanumaiah und B. Ravi. »Effects of injection molding parameters on shrinkage and weight of plastic part produced by DMLS mold«. In: *Rapid Prototyping Journal* 15.3 (2009), S. 179–186.

[80]   Davide Masato u. a. »Analysis of the shrinkage of injection-molded fiber-reinforced thin-wall parts«. In: *Materials & Design* 132 (2017), S. 496–504.

[81]   Jay Shoemaker. *Moldflow design guide. a resource for plastics engineers.* Hanser, 2006, S. 326.

[82]   Thomas Schröder. *Simulation in der Spritzgießtechnik.* Hanser Fachbuchverlag, Okt. 2022.

[83]   Joel Pomerleau und Bernard Sanschagrin. »Injection molding shrinkage of PP: Experimental progress«. In: *Polymer Engineering & Science* 46.9 (2006), S. 1275–1283.

[84]   Ascent. *Learning Autodesk Moldflow Insight Basic 2012 - Theory and Concepts.* 2011.

[85]   CoreTech System Co., Ltd. *Moldex 3D - Manual.* 2015.

[86]   Markus Fornoff. »Vorhersage von Schwindungs- und Verzugserscheinungen sowie der Anbindungsqualität bei organoblechverstärkten Hybridbauteilen«. Masterthesis. Hochschule Darmstadt, 2016.

[87]   Huamin Zhou und Dequn Li. »A numerical simulation of the filling stage in injection molding based on a surface model«. In: *Advances in Polymer Technology* 20.2 (2001), S. 125–131.

[88]   Thomas Lucyshyn. »Messung von pvT-Daten bei prozessnahen Abkühlraten und deren Einfluss auf die Simulation von Schwindung undVerzug mit Moldflow Plastics Insight«. Diss. Montanuniversität Leoben, 2009.

[89]   Siegfried Stitz. »Analyse der Formteilbildung beim Spritzgießen von Pla-
       stomeren als Grundlage für die Prozesssteuerung«. Diss. RWTH Aachen,
       1973.

[90]   A. Dawson u. a. »Polymer–mould interface heat transfer coefficient measu-
       rements for polymer processing«. In: *Polymer Testing* 27.5 (2008), S. 555–
       565.

[91]   Alberto Naranjo, Juan Campuzano und Ivan Lopez. »Analysis of heat trans-
       fer coefficients and no-flow temperature in simulation of injection molding«.
       In: *Conference Paper ANTEC SPE*. 2017.

[92]   Eun Min Park und Sun Kyoung Kim. »Effects of Mold Heat Transfer Coef-
       ficient on Numerical Simulation of Injection Molding«. In: *Transactions of
       the Korean Society of Mechanical Engineers - B* 43.3 (2019), S. 201–209.

[93]   Nickolas D. Polychronopoulos und John Vlachopoulos. »Polymer Proces-
       sing and Rheology«. In: *Polymers and Polymeric Composites: A Reference
       Series*. Springer International Publishing, 2018, S. 1–47.

[94]   J. Vlachopoulos und D. Strutt. »Polymer processing«. In: *Materials Science
       and Technology* 19.9 (2003), S. 1161–1169.

[95]   R. J. Crowson und M. J. Folkes. »Rheology of short glass fiber-reinforced
       thermoplastics and its application to injection molding. II. The effect of
       material parameters«. In: *Polymer Engineering and Science* 20.14 (1980),
       S. 934–940.

[96]   H. M. Laun. »Orientation effects and rheology of short glass fiber-reinforced
       thermoplastics«. In: *Colloid & Polymer Science* 262.4 (1984), S. 257–269.

[97]   M. L. Becraft und A. B. Metzner. »The rheology, fiber orientation, and pro-
       cessing behavior of fiber-filled fluids«. In: *Journal of Rheology* 36.1 (1992),
       S. 143–174.

[98]   Yu Chan, James L. White und Yasushi Oyanagi. »A Fundamental Study
       of the Rheological Properties of Glass-Fiber-Reinforced Polyethylene and
       Polystyrene Melts«. In: *Journal of Rheology* 22.5 (1978), S. 507–524.

[99]   Donald E. Kline. »Thermal conductivity studies of polymers«. In: *Journal
       of Polymer Science* 50.154 (1961), S. 441–450.

[100] D. R. Anderson. »Thermal Conductivity of Polymers«. In: *Chemical Reviews*
       66.6 (1966), S. 677–690.

[101] Gottfried Wilhelm Ehrenstein, Gabriela Riedel und Pia Trawiel. *Thermal
       Analysis of Plastics Theory and Practice. Theory and Practice*. Carl Hanser
       Verlag GmbH & Co. KG, 2004.

[102] Marton Huszar u. a. »The influence of flow and thermal properties on injection pressure and cooling time prediction«. In: *Applied Mathematical Modelling* 40.15-16 (10. März 2016), S. 7001–7011.

[103] Wilson Nunes dos Santos, Paul Mummery und Andrew Wallwork. »Thermal diffusivity of polymers by the laser flash technique«. In: *Polymer Testing* 24.5 (2005), S. 628–634.

[104] J. Amberg. *Entwicklung einer Methodik zur Bestimmung der orientierungsabhängigen thermischen Ausdehnung und Kompressibilität für die Auslegung faservertärkter Kunststoffe.* AiF Abschlussbericht 14453 N. Deutsches Kunststoff-Institut, 2008.

[105] Peter Kenneth Kennedy. »Practical and scientific aspects of injection molding simulation«. en. Diss. 2008.

[106] G. A. Mannella u. a. »No-flow temperature and solidification in injection molding simulation«. In: *AIP Conference Proceedings.* AIP, 2011.

[107] Young Bok Lee, Tai Hun Kwon und Kyunghwan Yoon. »Numerical prediction of residual stresses and birefringence in injection/compression molded center-gated disk. Part I: Basic modeling and results for injection molding«. In: *Polymer Engineering & Science* 42.11 (2002), S. 2246–2272.

[108] LANXESS Deutschland GmbH. *Pocan B1305 Datenblatt.* 2018.

[109] Jian Wang u. a. »Continuous Two-Domain Equations of State for the Description of the Pressure-Specific Volume-Temperature Behavior of Polymers«. In: *Polymers* 12.2 (11. Feb. 2020), S. 409.

[110] Peter Eyerer. »Eigenschaften von Kunststoffen in Bauteilen«. In: *Polymer Engineering 1.* Springer Berlin Heidelberg, 2020, S. 89–519.

[111] Florian Becker. »Entwicklung einer Beschreibungsmethodik für das mechanische Verhalten unverstärkter Thermoplaste bei hohen Deformationsgeschwindigkeiten«. Diss. Martin-Luther-Universität Halle-Wittenberg, 2009.

[112] Markus Stommel, Marcus Stojek und Wolfgang Korte. *FEM zur Berechnung von Kunststoff-und Elastomerbauteilen.* Hanser Fachbuchverlag, 8. Juni 2018. 510 S.

[113] Vladimir A. Kolupaev. *Equivalent Stress Concept for Limit State Analysis.* Springer, 2018, S. 365.

[114] Felix Dillenberger. *On the anisotropic plastic behaviour of short fibre reinforced thermoplastics and its description by phenomenological material modelling.* Springer Vieweg, 2019.

[115] Martina Heinle und Dietmar Drummer. »Temperature-dependent coefficient of thermal expansion (CTE) of injection molded, short-glass-fiber-reinforced polymers«. In: *Polymer Engineering and Science* 55.11 (2015), S. 2661–2668.

[116] Friedrich R. Schwarzl. *Polymermechanik Struktur und mechanisches Verhalten von Polymeren. Struktur und mechanisches Verhalten von Polymeren.* Springer, 1990, S. 444.

[117] Fen Liu u. a. »A study on the distinguishing responses of shrinkage and warpage to processing conditions in injection molding«. In: *Journal of Applied Polymer Science* 125.1 (2011), S. 731–744.

[118] Yuehua Gao, Lih-Sheng Turng und Xicheng Wang. »Process optimization and effects of material properties on numerical prediction of warpage for injection molding«. In: *Advances in Polymer Technology* 27.4 (2008), S. 199–216.

[119] LANXESS Deutschland GmbH. *Pocan B3235 Datenblatt.* 2019.

[120] Wilhelm Kleppmann. *Versuchsplanung: Produkte und Prozesse optimieren.* Hanser Fachbuchverlag, 2013.

[121] Keehae Kwon u. a. »Theoretical and experimental studies of anisotropic shrinkage in injection moldings of semicrystalline polymers«. In: *Polymer Engineering & Science* 46.6 (2006), S. 712–728.

[122] Daniele Annicchiarico und Jeffrey R. Alcock. »Review of Factors that Affect Shrinkage of Molded Part in Injection Molding«. In: *Materials and Manufacturing Processes* 29.6 (2014), S. 662–682.

[123] Subcommittee D20.30. *ASTM D5930: Test Method for Thermal Conductivity of Plastics by Means of a Transient Line-Source Technique.* 2009.

[124] Subcommittee E37.01. *ASTM E1269: Standard Test Method for Determining Specific Heat Capacity by Differential Scanning Calorimetry.* 2011.

[125] Subcommittee D20.30. *ASTM D3418: Standard Test Method for Transition Temperatures and Enthalpies of Fusion and Crystallization of Polymers by Differential Scanning Calorimetry.* 2012.

[126] ISO/TC 61 Kunststoffe. *ISO 17744: Kunststoffe - Bestimmung des spezifischen Volumens als Funktion von Temperatur und Druck (pVT Diagram) - Kolbengerät-Verfahren.* 2004.

[127] Tamara van Roo u. a. »On short glass fiber reinforced thermoplastics with high fiber orientation and the influence of surface roughness on mechanical parameters«. In: *Journal of Reinforced Plastics and Composites* 41.7-8 (2021), S. 296–308.

[128] N. Saba und M. Jawaid. »A review on thermomechanical properties of polymers and fibers reinforced polymer composites«. In: *Journal of Industrial and Engineering Chemistry* 67 (2018), S. 1–11.

[129] Alexander Kriwet und Markus Stommel. »The Impact of Fiber Orientation on Structural Dynamics of Short-Fiber Reinforced, Thermoplastic Components—A Comparison of Simulative and Experimental Investigations«. In: *Journal of Composites Science* (2022).

[130] Normenausschuß Kunststoffe (FNK). *DIN 53 765: Prüfung von Kunststoffen und Elastomeren; Thermische Analyse; Dynamische Differenzkalorimetrie (DDK).*

Anhang A

Messdaten

A.1 Spezifisches Volumen

Tabelle A.1 Ermittelte Koeffizienten des 7-Koeffizienten-Ansatzes für das PBT Material

Koeffizient	Wert	Einheit
KS1	4,728804E+04	$\left[\frac{bar \cdot cm^3}{g}\right]$
KS2	1,079751E+00	$\left[\frac{bar \cdot cm^3}{g \cdot K}\right]$
KS3	1,908685E+03	$[bar]$
KS4	6,113833E+04	$[bar]$
KF1	3,060582E+04	$\left[\frac{ba \cdot rcm^3}{g}\right]$
KF2	8,725400E-01	$\left[\frac{bar \cdot cm^3}{g \cdot K}\right]$
KF3	2,108272E+03	$[bar]$
KF4	4,067068E+04	$[bar]$
KF5	5,860613E-12	$\left[\frac{cm^3}{g}\right]$
KF6	1,100396E-01	$\left[\frac{1}{K}\right]$
KF7	4,260089E-03	$\left[\frac{1}{bar}\right]$
PK1	208,32	$[^\circ C]$
PK2	3,772822E-02	$\left[\frac{^\circ C}{bar}\right]$

A.2 Wärmeausdehnungskoeffizient

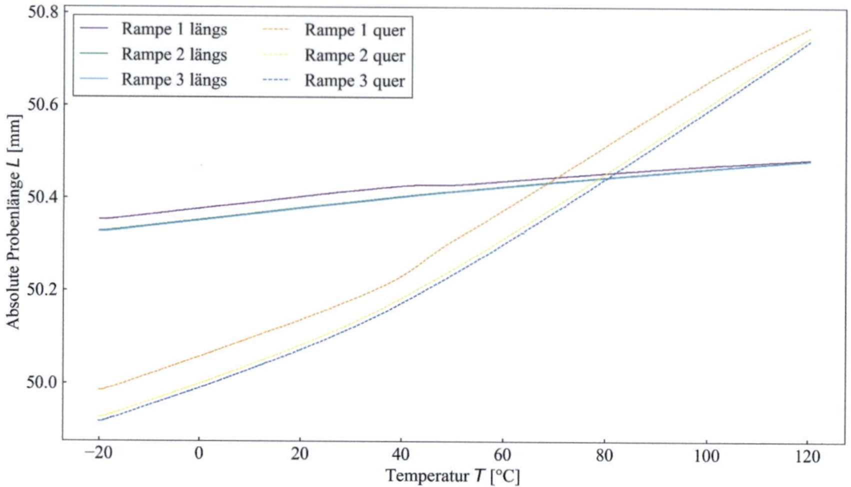

Abbildung A.1 Verlauf der absoluten Probenlängen während der Ermittlung des Wärmeübergangskoeffizienten

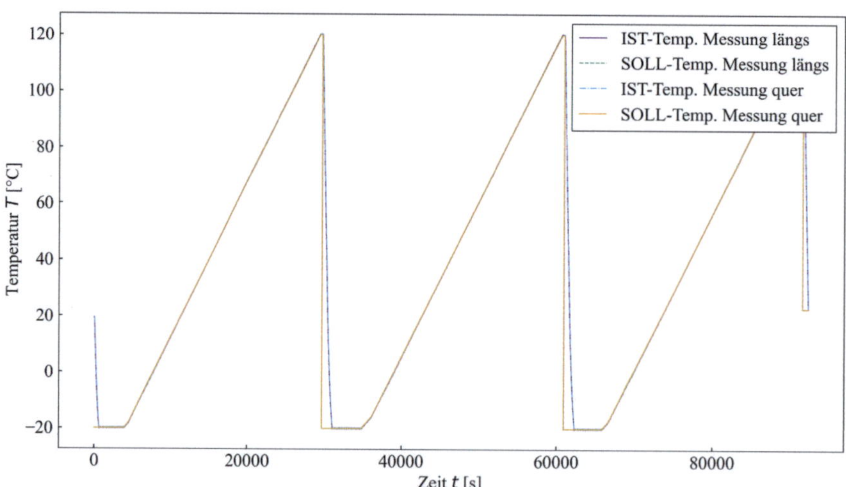

Abbildung A.2 SOLL- und IST-Verlauf der Temperaturrampen zur Ermittlung des Wärmeübergangskoeffizienten